아직도 악어와 악어새 이야기를 믿어?

모두의 인문학
02

수의사가 만난 진짜 야생동물의 사생활

아직도 악어와 악어새 이야기를 믿어?

이하늬 지음

스테이블

차례

들어가며
오해 너머 진정한 야생동물의 삶   **8**

1장 공생:
서로 도우며 함께 사는 동물들

함께일 때 우리는 더욱 강하다 **12**
말미잘과 흰동가리

물에 빠진 조카를 구한 이모 **20**
코끼리의 공동육아

사교성 좋은 세상에서 가장 큰 설치류 **27**
카피바라

팀플레이로 움직이는 최고의 사냥꾼 **35**
범고래

때로는 방어가 최선의 공격이다 **43**
집단으로 다니는 초식동물들

질문하는 책 ①
가축은 언제부터 인간과 함께하기 시작했을까? **50**
인간과 가축의 공생관계

질문하는 책 ②
불법적으로 동물을 사냥하는 밀렵은 왜 일어날까? **58**
수요가 없으면 공급도 없다

2장 사랑 :
서로 아끼고 귀하게 여기는 동물들

엄마도 첫 육아는 힘들다   **68**
점박이물범 '은이'의 출산기

아빠가 주 양육자인 동물이 있다?   **75**
샤망

뜨겁게 사랑하고 뜨겁게 싸우다   **83**
침팬지 부부

사람이 키운 동물은 무엇이 다를까?   **90**
침팬지 오누이

선물을 주면 날 좋아해 줄래?   **98**
수컷 코뿔새

질문하는 책 ③
살 곳이 사라진 동물들은 어떻게 될까?   **104**
서식지 파괴 이후

질문하는 책 ④
지구온난화는 동물들에게 어떤 영향을 줄까?   **112**
우리가 할 수 있는 일들

3장 사회생활 :
질서를 유지하며 공동생활을 하는 동물들

서열이 높은 수컷에게만 주어지는 망토 **120**
망토개코원숭이

가장 싸움을 잘하는 여왕을 따른다 **128**
미어캣

맹수의 왕끼리 싸우면 누가 이길까? **136**
사자 vs 호랑이

동물 사회에도 따돌림은 존재한다 **143**
개코원숭이와 바바리양

가까이 하기에는 너무 따가운 당신 **150**
가시 달린 동물들

늙지 않고 오래 사는 불로장생의 비밀 **157**
벌거숭이두더지쥐

금수저로 태어나 잘 먹고 잘 살기 **163**
하이에나

질문하는 책 ⑤
플라스틱은 지구를 어떻게 망칠까? **170**
편리함과 바꾼 우리의 미래

질문하는 책 ⑥
내 주변의 야생동물은 어떻게 보호할까? **178**
더불어 살기 공부하기

오해 너머 진정한 야생동물의 삶

더불어 살아가는 동물에 대한 예를 들 때, 악어와 악어새의 관계가 자주 이야기된다. 악어새는 악어의 입속으로 들어가 이빨에 낀 찌꺼기를 제거해 주고 먹이 삼는다. 악어는 악어새가 입에 들어가도 잡아먹지 않는 대신 이빨이 깨끗해지는 효과를 얻는다. 서로 도움을 주는 관계가 감동적이지만 안타깝게도 이 이야기는 사실이 아니다.

악어새의 정식 명칭은 '이집트물떼새'. 북부 아프리카 강변에 주로 서식하며 식물의 열매나 씨앗을 먹고 산다. 육식동물인 악어의 이빨에 낀 고기는 먹지 않는다. 악어의 경우 평생 3,000개 이상의 이빨이 빠졌다 다시 나는데 워낙 빽빽하게 자라서 찌꺼기가 잘 끼지 않는 구조다. 즉, 이빨 사이에 찌꺼기를 빼 줄 악어새는 필요가 없다. 실제로 야생에서는 악어새가 악어의 입속으로 들어가는 것은 관찰하기 어렵다.

그렇다면 왜 이런 오해가 생겨났을까? 기원전 5세기, 고대 그리스의 역사가인 헤로도토스가 여행을 다니다 우연히 입을 벌린 채 쉬고 있는 악어와 입속을 들락거리는 악어새를 발견한 것을 기록했다. 이렇게 탄생한 악어와 악어새의 이야기가 오랜 시간 상식으로 굳어진 것이다.

진정한 야생동물의 생활은 어떤 것일까? 야생동물을 직접 만나기 힘든 현대사회에서 그들의 삶을 알기란 쉽지 않다. 이 책은 수의사인 내가 그동안 야생동물을 진료하며 관찰한 생생하고 흥미진진한 세계를 담았다. 그들은 사람처럼 서로 돕기도 하고, 괴롭히기도 하고, 사회생활을 하기도 한다. 또한 뛰어난 모성애를 보여 주기도 하고, 부부 싸움을 하기도 하며, 먹이를 바치며 사랑을 얻기를 원한다.

독자들이 이 책을 통해 집에서 키우는 반려동물 외에도 다양한 동물들에 대한 관심이 생긴다면 더 바랄 게 없을 것이다.

1장
공생 : 서로 도우며 함께 사는 동물들

함께일 때 우리는 더욱 강하다

말미잘과 흰동가리

'동물의 세계'라고 하면 어떤 모습이 떠오르는가? 쫓고 쫓기고, 잡아먹고 먹히는 모습이 떠오르지 않는가? 흔히 다른 종의 동물들은 서로 더욱 견제할 것이라고 생각한다. 그러나 사람도 함께 있으면 서로 힘이 되는 사이가 있듯이, 동물도 함께 있을 때 도움이 되는 관계가 있다. 이를 '공생관계'라고 한다. 공생이란, 두 종 이상의 생물이 서로 도우며 함께 살아가는 것을 뜻한다. 공생에는 크게 '편리공생'과 '상리공생' 두 가지가 있다. 편리공생은 다른 두 종 사이에서 한 종은 이득을 얻지만, 다른 한 종은 이익도 해도 입지 않는 관계를 말한다. 상리공생은 서로 다른 두 종이 함께 이익을 얻는 것을 말한다.

상리공생을 하는 대표적인 동물로는 말미잘과 흰동가리를 들 수 있다. 열대 바다에서 스노클링이나 스쿠버다이빙을 하다 보면 주황빛 바탕에 흰색 줄무늬를 한 작고 귀여운 물고기를 볼 수 있다. 유명 애니메이션 〈니모를 찾아서〉의 주인공 '니모'로도 잘 알려진 이 물고기가 바로 흰동가리다. 흰동가리는 독특한 생태적 특성이 있는데, 암컷이 죽어서 개체 수가 적어지면 수컷이 암컷으로 변할 수 있다. 그리고 흰동가리 주위를 둘러보면 말미잘 군락을 찾을 수 있다.

말미잘은 바다에서 흔히 볼 수 있는 동물이다. 암초에 붙어서 살아가기 때문에 식물처럼 보일 수도 있지만, 입이 있고 촉수를 이용해 움직이는 동물이다. 말미잘은 바닷속에 둥둥 떠다니는 작은 플랑크톤부터 거대한 물고기까지 잡아먹을 수 있다. 먹이를 찾으면 촉수를 뻗어 독성 물질을 쏘아 중독시켜 잡아먹는다. 사람도 많은 양의 말미잘 독에 쏘이면 피부가 붉게 되는 발진 등의 증상이 나타날 수 있으니 조심해야 한다.

말미잘과 흰동가리는 서로 떼려야 뗄 수 없는 사이다. 흰동가리는 말미잘 군락을 마치 자기 집처럼 편안하게 여기며 지낸다. 말미잘의 독에도 굴하지 않고 말이다. 오히려 이 독은 말미잘의 촉수 사이에서 지내는 흰동가리에게 든든한 방어막이 되어 준다. 흰동가리를 발견하고 입맛을 다시며 다가오던 물고기들은 말미잘의 독이 무서워 발길을 돌리고 만다. 그렇다면 말미잘은 왜 흰동가리를 공격하지 않을까? 흰동가리의 온몸을 뒤덮은 점액질은 일종의 보호막이다. 흰동가리의 점액질에는 고농도의 마그네슘이 포함돼 있는데

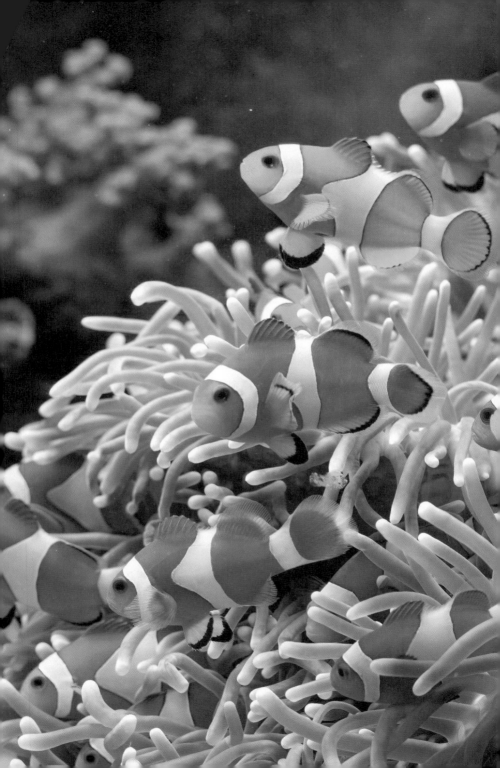

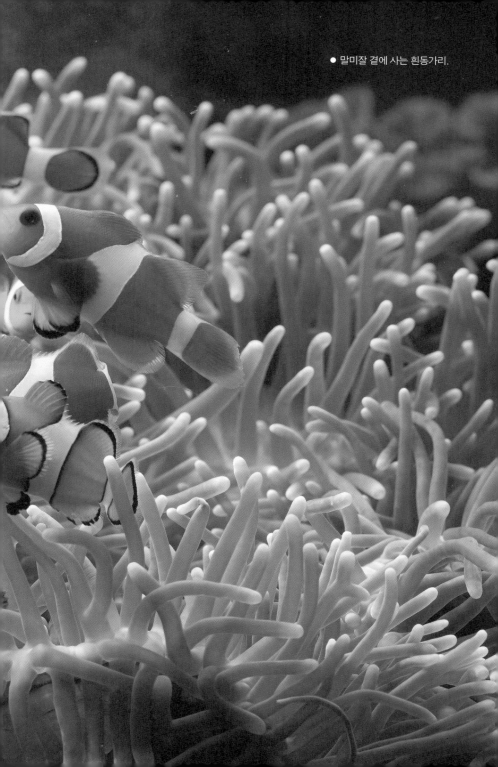

● 말미잘 곁에 사는 흰동가리.

말미잘은 마그네슘 농도가 높은 대상에게는 독을 뿜지 않는다.

말미잘은 흰동가리와 함께 있으면 어떤 이익을 얻을까? 예전에는 둘의 관계를 흰동가리만 이익을 얻는 편리공생으로 여겼다. 그러나 말미잘도 여러 이익을 얻는 것으로 밝혀졌다. 먼저 말미잘에게 흰동가리는 미끼가 되어 준다. 작고 연약해 보이는 흰동가리를 쫓아온 물고기들은 말미잘의 촉수에 쏘여서 먹이가 된다. 또한 흰동가리가 말미잘에게 직접 먹이를 갖다 주는 것도 관찰되었다. 말미잘은 바위 같은 곳에 단단하게 붙어 살아 이동하기 어렵기 때문에 먹이를 가져다 주는 흰동가리는 든든한 아군이다. 마지막으로 흰동가리는 말미잘의 촉수 사이에 낀 이물질도 제거해 준다.

흰동가리는 자기가 선호하는 특정 말미잘 곁을 떠나지 않고 평생을 살아가기도 한다. 함께 사는 말미잘의 종류에 따라 흰동가리의 무늬 크기 같은 외형이 달라진다는 재미있는 연구 결과도 있다. 말미잘과 흰동가리는 대를 이어 함께 진화해 온 서로 없어서는 안 될 사이인 셈이다.

최근 지구온난화로 인해 말미잘과 흰동가리 모두 멸종 위기에 처해 있다. 산호가 수온의 급격한 변화로 하얗게 죽어 가는 '백화현상'이 일어나 산호에서 서식하는 말미잘의 수가 급감하고 있다. 말미잘이 사라지니 자신을 보호해 주던 서식지를 잃은 흰동가리 역시 살아남기 어렵게 됐다. 공생관계에 있는 한 종이 감소하면서 다른 종도 함께 멸종 위기에 놓이게 된 안타까운 상황이다. 또한 애니메

● 말미잘을 등에 얹은 소라게.

이션 〈니모를 찾아서〉로 인해 흰동가리가 크게 인기를 얻자, 이를 반려동물로 삼기 위해 사람들이 마구 잡아가는 바람에, 야생에서 흰동가리를 보기가 더욱 어려워지고 있다.

말미잘은 흰동가리 외에도 소라게와도 공생관계를 가진다. 소라게는 크기가 작은 말미잘을 집게로 들거나 등에 얹고 다닌다. 이동성이 떨어지는 말미잘은 소라게라는 멋진 탈것을 얻어 다른 곳으로 이동한다. 한편 말미잘은 적이 다가오면 촉수로 쏘아서 소라게를 보호하는 역할을 한다. 그러나 이 둘의 관계는 안정적이지 않다. 한 소라게가 먹을 것이 부족해지자 등에 얹고 다니던 말미잘을 잡아

● 잉엇과의 민물고기 납자루.

먹는 것이 관찰된 적이 있다. 보통 소라게와 말미잘은 상리공생 관계지만 자신에게 어려운 상황이 되면 소라게가 말미잘을 배신(?)한다. 이런 모습을 보면 자연에서 공생관계는 상황에 따라 변할 수도 있음을 알 수 있다.

반면에 공생관계인 줄 알았는데 기생관계로 밝혀진 동물도 있다. 기생이란, 함께 살면서 한 종은 이익을 얻고 다른 한 종은 피해를 보는 것이다. 잉엇과의 민물고기인 납자루는 조개껍데기 속에 알을 낳는다. 번식기가 되면 암컷 납자루는 마음에 드는 조개를 찾아 조개가 물을 내뿜는 '출수공' 속으로 긴 산란관을 넣어 알을 낳는다.

뒤이어 수컷 납자루가 조개 속으로 정자를 내뿜어 수정한다. 납자루의 알은 단단한 조개껍데기 속을 보금자리 삼아 치어가 될 때까지 성장한다. 예전에는 조개가 납자루의 알을 품어 주는 대신 납자루의 몸에 조개 유생들을 붙여서 널리 퍼뜨리는 이점이 있다고 여겼다. 따라서 납자루와 조개의 관계를 상리공생으로 해석했다. 그러나 최근의 연구 결과, 조개가 납자루뿐만 아니라 다른 물고기에도 동일한 수의 유생을 붙이는 것으로 밝혀졌다. 납자루 역시 특별히 조개를 위해 그곳에 알을 낳는 게 아니었다. 오히려 납자루의 알들이 조개의 성장을 막고 죽게 하는 경우도 많아 조개에게는 피해가 더 크다.

그렇다면 사람은 어떨까? 사람은 다른 종과 어떤 관계를 맺고 살아가는 것일까? 사람은 동물을 먹고 기르며 이용하기도 하지만, 동물로 인해 피해를 입기도 한다. 그래서 딱 잘라 어떤 관계로 정의할 수는 없다. 그러나 분명한 것은 사람과 동물 모두 지구에서 함께 살아가는 존재라는 사실이다. 동물에 대한 충분한 이해가 더불어 살아가는 데에도 도움이 되리라 생각한다.

함께일 때 우리는 더욱 강하다

물에 빠진 조카를 구한 이모

코끼리의 공동육아

세상에서 가장 큰 동물은 누구일까? 현재 지구에서 가장 큰 동물은 바닷속을 유유히 헤엄치는 흰긴수염고래다. 땅 위에서 가장 큰 동물은 바로 5,000kg이 넘는 체구를 자랑하는 코끼리다. 코끼리는 서식지에 따라 크게 아프리카코끼리와 아시아코끼리 두 종으로 나뉜다. 아프리카코끼리는 아시아코끼리보다 덩치가 크다. 아시아코끼리는 몸무게가 3,000~5,000kg 정도이고, 아프리카코끼리는 5,000~7,000kg이나 나간다. 아프리카코끼리는 아시아코끼리보다 귀도 크고 넓은 편이다. 신기하게도 아프리카코끼리의 귀 모양은 지도 속 아프리카 대륙을 닮았고, 아시아코끼리의 귀 모양은 아시아 대륙과 비슷하다.

● 아프리카코끼리(왼쪽)와 아시아코끼리(오른쪽).

두 코끼리들은 공통적으로 모계 위주의 무리를 이루는 사회구조를 가진다. 코끼리 무리는 보통 30~40마리의 암컷과 새끼로 구성되는데, 주로 가장 나이가 많은 암컷이 리더가 된다. 경험이 풍부해 무리를 잘 이끈다고 신뢰받기 때문이다. 참고로 코끼리의 수명은 사람과 비슷한 70년 정도로 동물 중에서 매우 오래 사는 편이다. 무리 속 암컷들은 새끼를 함께 키우는 공동육아를 한다. 새끼 코끼리에게는 엄마를 제외한 무리의 모든 암컷이 이모가 되는 셈이다. 새끼 코끼리는 암컷 어른들에게 많은 것을 배운다. 한편, 수컷의 경우 평생 무리를 이루어 사는 암컷과 달리 성체가 되면 무리에서 떨어져 나와 혼자 살아간다.

코끼리는 거대한 동물답게 100kg의 몸집으로 태어난다. 임신 기간도 긴 편이다. 사람의 경우 9개월 정도 엄마 배 속에 있는데, 코끼리는 2배가 넘는 22개월이나 머문다. 뇌 용적은 사람의 5배에 달한다. 그만큼 기억력도 좋고 배우는 능력도 뛰어나다. 한 예로 2019년, 독일 노인크르센 동물원에 있는 '커스티'라는 코끼리는 자신을 돌봐 주던 사육사를 32년 만에 만나 기억해 화제가 되었다. 커스티는 코를 비비며 애정을 표현했다고 알려진다. 또한 코끼리는 동료가 죽은 곳을 기억하고 매년 그곳을 방문해 추모한다. 마치 사람이 성묘를 하고 제사를 지내는 것과 비슷하다.

좋은 기억력을 가진 새끼 코끼리는 이모들에게 먹을 수 있는 풀과 나뭇잎, 멀리해야 하는 위험한 동물 등 삶에 필요한 것들을 배운다. 사실 코끼리에게 위험한 동물은 많지 않다. 거대한 덩치와 압도적인 힘 때문에 사자나 악어와 같은 맹수들도 쉽게 다가가지 못한다. 그러나 어린 코끼리는 맹수들의 먹잇감이 될 수도 있다. 맹수보다 코끼리에게 더 위험한 동물은 바로 인간이다. 코끼리의 거대한 이빨인 상아를 노리고 총을 겨누기도 한다. 아름다운 빛깔의 상아는 고가의 장식품을 만드는 재료로 쓰여 매우 비싼 값에 팔리기 때문이다. 야생 코끼리는 인간을 극도로 경계하며 새끼 코끼리들에게 인간의 위험성에 대해 가르친다. 또한 근처에 사람이 나타난 것을 발견하면 다른 무리에게 알려 주기도 한다.

코끼리는 후각도 매우 뛰어나다. 아프리카코끼리의 후각 유전자는 2,000개나 되는데 이는 개보다 2배 많고, 인간보다 5배 많은 수치다. 즉, 개보다 코끼리가 더 후각이 뛰어난 것이다. 흔히 냄새를 잘 맡는 사람을 '개 코'라고 부르는데 '코끼리 코'가 더 정확하다고 할 수 있겠다. 코끼리는 뛰어난 후각과 기억력을 무리를 유지하는 데 사용한다. 혹여나 먹이를 먹는 데 집중하다 혼자 남겨져도 무리의 소변이나 분변 냄새를 기억해 찾아간다. 2020년, 독일 할레 동물원에서 아프리카코끼리 모녀가 헤어진 지 12년 만에 다시 만나서 서로를 알아보기도 했다. 엄마 코끼리에게 여러 코끼리의 분변 냄새를 맡게 했을 때는 별 반응이 없었는데, 딸의 것에는 귀를 펄럭이며 기뻐했다. 냄새로 딸을 기억한 것이다. 이후 딸을 직접 만나자 더욱 반가워했다. 2년 가까운 기간 동안 임신을 하기 때문일까? 코끼리는 모성애도 강한 동물이다.

코끼리는 어떻게 의사소통을 할까? 주로 초저주파를 이용해서 그르렁거리는 낮은 소리를 내며 소통한다. 초저주파는 땅을 타고 전달돼 몇백 킬로미터 떨어진 다른 코끼리들도 감지할 수 있다.

코끼리는 화가 나면 코를 바닥에 '탕탕' 치고 소리를 지르며 위협적인 행동을 한다. 동물원에 있는 코끼리 무리 4마리 중 1마리만 분리해서 진료한 적이 있다. 나머지 코끼리 3마리는 따로 떨어진 코끼리를 수의사들이 괴롭히는 줄 알고 초저주파 소리를 내며 진료 받는 코끼리를 불러 댔다. 치료를 받던 코끼리는 무리에 합류하지 못하는 상황에 화가 나서 코를 바닥에 치며 화를 냈다. 그 소리에 다른

● 아프리카 보츠나와에서 보트로 사파리 여행을 할 때, 강물을 헤엄치는 아프리카코끼리를 만났다. 숨을 쉬기 위해 코만 물 위로 내민 모습이다.

코끼리들도 동요해 코를 내리치고 소리를 질렀는데, 거대한 소리와 울림에 나도 모르게 몸이 움츠러들었던 기억이 있다.

코끼리는 무리의 일원을 소중하게 여기며, 끈끈한 동료애를 지니고 있다. 내가 근무했던 동물원에서도 코끼리의 동료 사랑을 엿볼 수 있는 일이 있었다. 동물원의 방사장에는 코끼리들이 물을 마실 수 있는 거대한 웅덩이가 있는데, 물을 마시던 새끼 코끼리 '희망이'가 그만 발을 헛디뎌서 그곳에 빠지고 말았다. 거대한 어른 코끼리에게는 깊지 않은 웅덩이였지만 새끼 코끼리에게는 머리까지 빠지는 깊이였다. 코끼리는 헤엄을 칠 때 코만 물 밖으로 꺼내서 숨을 쉰다. 사람이 스노클링 대롱을 입에 물고 수영하듯 말이다. 그러나 희망이는 아직 어려서 어른 코끼리에게 이 수영법을 배우지 못했다. 그래서 그저 물속에서 허우적거렸다. 어미 코끼리 '수겔라' 역시 희망이를 보며 어찌할 줄 몰랐다. 이때 이모 코끼리 '키마'가 나섰다. 키마는 마치 "당장 새끼를 구하러 가야지! 뭐 하는 거야?"라고 하듯이 수겔라를 데리고 웅덩이로 들어가 함께 희망이를 무사히 건져 냈다. 코끼리의 공동육아 습성과 서로를 챙기는 따뜻한 마음을 잘 알 수 있는 일화다.

이렇듯 코끼리는 서로 아끼고 도와주는 성향이 강한 사회적인 동물이다. 게다가 자신의 무리만 챙기는 것이 아니다. 다른 무리의 코끼리들과 잘 지내는 경우도 많다. 다른 무리의 새끼 코끼리가 사자와 같은 맹수에게 쫓길 때 도와주는 모습도 종종 관찰된다.

그러나 서로 돕고 보호하는 코끼리도 피하지 못하는 수난이 있다. 앞서 말한 인간의 밀렵은 물론이고 개발로 인한 서식지 파괴, 지구온난화 현상이다. 코끼리가 살던 땅을 개발하는 면적이 넓어짐에 따라 생존의 위협을 받고 있다. 먹이가 풍부했던 곳이 사라져 가고 있어 경험이 많은 암컷조차 무리를 이끌 곳을 찾기 힘들다.

스리랑카의 쓰레기 매립장에서 코끼리들이 배고픔을 이기지 못하고 플라스틱을 먹고 장이 막혀 6마리가 죽은 일도 있다. 코끼리는 거대한 덩치를 유지하기 위해 하루에 체중의 5~10% 정도의 풀이나 나뭇잎을 섭취해야 한다. 아시아코끼리 1마리의 체중을 2,000kg

이라고 가정하면 하루에 최소 100kg의 먹이를 먹어야 한다. 그러나 점점 자연에서 코끼리가 먹을 양질의 풀과 나뭇잎 등이 사라지고 있다. 코끼리는 현재 심각한 멸종 위기에 놓여 있다. 지구상에서 가장 큰 육상동물인 코끼리, 인간과 함께 지구에서 오래도록 더불어 살아갈 수 있으면 좋겠다.

사교성 좋은 세상에서 가장 큰 설치류

카피바라

설치류라고 하면 흔히 조그마한 쥐를 생각한다. 설치류에는 10~20g 무게의 작은 생쥐도 있지만 사람 체중과 비슷한 50~60kg의 '카피바라'도 있다. 세상에서 가장 큰 설치류인 카피바라는 남아메리카에 서식한다. 풀을 먹고 살아가는 초식동물로 물을 아주 좋아한다. 헤엄도 잘 치는데 발가락 사이에 있는 작은 물갈퀴가 큰 역할을 한다. 카피바라는 육식동물이 잡으러 오면 물속으로 도망친다. 잠수도 잘해서 5분 넘게 물속에 숨을 수 있다.

카피바라는 집단생활을 하는 동물이다. 보통 10마리 정도가 무리를 이루는데 계절에 따라 100마리가 넘는 거대한 집단을 이루기도 한다. 카피바라는 친화력이 좋은 것으로도 유명하다. 대부분의

● 다람쥐원숭이와 어울리는 카피바라.

야생동물, 특히 초식동물처럼 잡아 먹히기 쉬운 동물은 다른 종의 동물을 극도로 경계하는 성향이 강한데 신기하게도 카피바라는 그렇지 않다. 작은 새를 등이나 머리 위에 태우고 헤엄쳐서 강을 건너거나, 다른 동물과 함께 어울려 자는 모습이 종종 관찰된다. 동물원에서도 카피바라는 다른 동물들과 잘 지낸다. 같은 남미 출신 포유류인 '아메리카테이퍼'와 한 우리에서 지내게 한 적이 있는데 두 종 모두 성격이 무던해서 별 탈 없이 사이좋게 지냈다.

카피바라 친화력의 비결은 뭘까? 명확하게 밝혀지지는 않았지만 몇 가지 설이 있다. 첫 번째는 카피바라가 서식하는 남미 지역에 카

● 머리 위에 새를 태우고 다니는 카피바라.

피바라와 같은 거대한 설치류를 잡아먹을 천적이 많이 없다는 점이다. 사자나 하이에나, 치타, 표범과 같은 맹수들이 우글거리는 아프리카에는 큰 덩치의 초식동물들도 항상 주위를 경계하며 살아간다. 그러나 남미에는 맹수가 재규어, 퓨마, 악어 정도로 적은 편이다. 이런 환경 덕분에 카피바라는 다른 종에 대한 경계심이 덜하다는 설명이다.

두 번째는 카피바라가 방어에 강하다는 점이다. 설치류는 대개 앞니의 힘이 강한데, 거대한 몸집의 카피바라 역시 무는 힘이 세다. 시속 50km의 빠른 속도로 달릴 수 있어서 재빠르게 도망갈 수도 있다. 또한 앞서 말한 바와 같이 많게는 100마리까지 무리를 이루어 살아간다. 만약 맹수들이 카피바라 무리를 함부로 건드렸다가는 대규모 공격에 혼쭐이 날 수도 있다.

세 번째는 카피바라의 습성과 관련이 있다. 카피바라는 무리에서 새끼를 함께 키우는 공동육아를 한다. 게다가 다른 종의 새끼까지 함께 키우는 경우까지 있다. 이처럼 종을 가리지 않고 함께 지낼 만큼 성격이 너그럽다.

친화력과 동글동글한 외모 덕분에 카피바라는 동물원에서 인기가 많은 동물이다. 아시아의 일부 동물원에서는 남미 출신인 카피바라를 배려해 따뜻한 물이 흐르는 온천을 만들어 둔 곳도 있다. 추운 겨울날, 따뜻한 온천은 안성맞춤일 것이다. 그래서 카피바라들은 한 번 온천에 들어가면 하루 종일 나올 생각을 안 한다고 한다.

생김새도 귀엽고 성격도 좋은 카피바라를 반려동물로 키우고 싶다는 생각도 들 것이다. 그러나 카피바라는 꽤 사육하기 어려운 동물이다. 우선 반드시 수조가 있어야 한다. 카피바라는 물속에서 편안함을 느끼고, 배변도 물에서 해결하기 때문에 '반수생 포유류'라고도 한다. 물에 들어가지 않으면 관절염, 피부 질환 등 여러 질병에 걸릴 수 있다. 또한 카피바라는 덩치가 큰 만큼 많이 먹고 많이 싼다. 다 자란 카피바라는 하루 3kg의 초식성 먹이를 먹는다. 사람의 식사 1인분이 200g 정도이고 하루 세 끼에 600g 정도 먹는다고 생각해 보면, 사람보다 약 5배를 더 먹는 것이다. 결국 카피바라를 키우려면 많은 돈과 넓은 면적의 사육 시설이 필요하므로 개인이 키우기에는 무리가 있다.

다른 종과도 잘 지내는 카피바라니까 같은 카피바라끼리는 당연히 사이가 좋을 것이라고 생각하기 쉽다. 그러나 카피바라는 동종 사이에 다툼이 잦은 편이다. 무리 생활을 하는 동물이지만, 각자 자신만의 영역을 가지고 있는데 이를 침범하면 싸움이 난다. 내가 근무하던 동물원에서도 카피바라들끼리 싸워서 치료하는 경우가 종종 있었다. 특히 수컷끼리 영역 다툼을 하는 경우가 많다. 카피바라는 진료하기가 까다로운 동물이다. 평소에는 온화한 성격이지만 자신이 위험하다고 생각하면 사람도 공격한다. 또한 재빠르게 달아나서 잡기도 어렵다. 마취를 하면 고창증(소화관 내에 가스가 차는 질병)으로 죽을 위험이 높다. 한번은 카피바라가 다른 카피바라와 싸우다 울타리에 걸려 앞다리가 부러졌는데, 사육사가 먹이로 유인해서 간신히 붙잡은 뒤 깁스를 해서 골절된 뼈를 붙이기도 했다.

카피바라는 동물원에서 인기가 많지만 정작 남미에서는 골칫덩어리다. 설치류는 새끼를 많이 낳는데 카피바라 역시 번식력이 뛰어나다. 그런데 카피바라를 잡아먹는 재규어 같은 포식자들이 멸종 위기이다 보니 카피바라의 개체 수를 조절해 줄 동물이 없다. 설상가상으로 카피바라의 서식지가 개발로 인해 망가지자 개체 수가 늘어난 카피바라가 주택가를 자주 침범한다. 아르헨티나에서는 카피바라가 주택가의 쓰레기통을 뒤지거나 마당의 잔디를 다 갉아 먹고 배설물을 잔뜩 싸고 가는 웃지 못할 일도 일어난다.

● 일본 사이타마 어린이 공원 온천의 카피바라.

세상에서 가장 큰 설치류인 카피바라. 다른 종과 사이가 좋고 순해 보이는 외모지만, 자신을 위협하면 봐 주지 않고 거칠게 싸울 줄 아는 동물. 겉은 부드러우나 내면은 강한 '외유내강'의 모습이 떠오르는 카피바라는 매력적인 친구임이 분명하다.

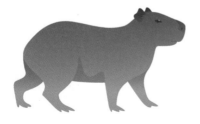

팀플레이로 움직이는 최고의 사냥꾼

범고래

바다 최고의 사냥꾼은 누구일까? 흔히 사납고 강한 이빨을 가진 상어를 생각할 것이다. 그러나 상어도 이기는 바다 최고의 포식자가 있다. 바로 범고래다. 고래는 크게 플랑크톤을 걸러 먹는 '수염고래'와 물고기나 해양 포유류 등을 잡아먹는 '이빨고래'로 나뉘는데 범고래는 후자에 속한다. 수염고래는 육상동물로 치면 초식동물과 유사하고, 이빨고래는 육식동물과 유사하다. 범고래는 영화 〈프리윌리〉에 나오는 고래로도 유명한데, 남극과 북극의 차가운 바다부터 열대지방의 따뜻한 바다까지 전 세계에 걸쳐 널리 서식하고 있다.

● 뛰어오르는 범고래.

까만 등에 가슴과 눈 주위에는 흰 무늬가 있는 범고래는 아이큐가 90 정도로 똑똑하다. 뛰어난 지능을 바탕으로 서로 협력해 사냥을 한다. 범고래는 사냥 기술을 자식이나 친구, 친척에게 전수한다. 대를 이어 전수한 경험은 쌓이고 쌓여서 사냥 능력을 점점 발전시켰다. 예를 들어, 알래스카의 범고래는 인간의 긴 낚싯줄에 걸린 물고기를 훔치는 방법을 알게 되었고, 그 지역 범고래들은 이 기술을 전수받아 대부분 줄에 걸린 물고기를 먹을 수 있다.

범고래는 성체 암컷 7,500kg, 수컷은 10,000kg에 달하는 거대한 동물이다. 체중을 유지하기 위해서 하루 평균 227kg의 먹이를 섭취해야 한다. 많은 양의 먹이를 구하기 위해서는 뛰어난 사냥 전략이 필요하다. 범고래의 사냥 대상은 다양하다. 연어, 청어와 같은 물고기는 물론이고 난폭하기로 유명한 백상아리도 잡는다. 특히 범고래는 백상아리의 간을 즐겨 먹는다. 상어를 사냥할 때는 그들의 몸을 뒤집어 놓는다. 상어가 정면에서 달려들어 강력한 턱과 이빨로 물면 치명적인 상처를 입을 수 있기 때문이다. 적은 수의 무리로 다니는 연어는 혼자 또는 작은 무리를 이루어 사냥하고, 떼로 다니는 청어의 경우 큰 무리를 이루어 함께 청어를 몰아 육중한 몸으로 때려잡는다.

범고래는 어류뿐만 아니라 각종 포유류도 잡아먹는다. 사실 작은 어류보다 지방과 단백질이 풍부한 해양 포유류가 더 좋은 먹잇감이다. 다른 고래도 사냥한다. 자신보다 훨씬 큰 향고래나 대왕고래를 습격해 사냥에 성공하기도 한다. 뛰어난 사냥꾼인 범고래도 성체 대왕고래는 상대하기가 힘들기 때문에 새끼를 사냥하는데, 먼저 어미와 떼어 놓고 새끼 고래를 끈질기게 따라가서 지치게 만든 다음 잡아먹는다.

빙판 위에서 생활하는 해양 포유류인 바다사자나 펭귄을 사냥할 때는 철저히 힘을 합친다. 우선 무리의 일부가 빙판 위 목표물의 위치를 확인하고 파도를 일으켜 바다로 떨어뜨린다. 먹잇감이 바다로 떨어지는 순간 나머지 범고래들이 공격한다. 종종 이렇게 바다로 떨어지는 동물을 바로 잡아먹지 않고 계속 파도를 쳐서 위로 던져 올리며 가지고 노는 듯한 행동을 보이기도 한다. 사냥의 이유가 먹이 섭취만이 아니라 재미를 위한 경우도 있다는 걸 보여 준다.

● 바다사자를 사냥하는 범고래.

드물지만 범고래는 사슴, 엘크와 같이 재빠른 땅 위의 초식동물
도 사냥한다. 바닷속 범고래가 어떻게 땅 위의 동물을 사냥할 수 있
을까? 육지 동물이 섬으로 건너가려고 바다로 들어오거나 가까운
해변가를 거니는 때를 노린다. 하늘을 나는 새도 사냥한다. 미국 샌
디에이고의 아쿠아리움인 씨월드에서는 사육되던 범고래 한 마리
가 자신의 먹이를 미끼로 갈매기를 유인해 잡아먹는 장면이 포착됐
다. 더 놀라운 사실은, 며칠 뒤 다른 범고래들도 이 사냥 법을 이용
해 같은 방식으로 갈매기를 잡아먹었다는 것이다.

혹시 범고래는 사람도 잡아먹을까? 다행히 사람은 사냥감으로
여기지 않는다. 그 이유는 두 가지 가설이 있다. 하나는 예전에 고래
를 잡는 포경이 활발했던 시절, 많은 범고래가 피해를 입었고 살아
남은 범고래는 사람이 위험하다는 지식을 후대에게 전했기 때문이
다. 다른 하나는 범고래의 높은 지능으로 인간도 자신들처럼 문화
를 지닌 존재로 여기기 때문이라고 한다.

범고래들은 어떻게 의사소통을 할까? 주로 노래로 한다. 범고래
의 노랫소리는 휘파람 소리와 비슷하다. 신기한 점은 지역별 사투
리처럼 범고래 무리마다 고유한 억양이 있다는 점이다. 그래서 이
노래는 같은 무리에서는 통용되지만 다른 무리가 알아듣기 어려운
경우도 많다.

범고래는 자식과 엄마가 평생 함께 사는 모계사회를 이룬다. 범
고래 가족은 엄마와 자식, 자식 중에 딸의 후손들로 구성된다. 범고

래의 평균 수명은 90년 정도로 길어 보통 4~5대에 걸친 대가족을 이룬다. 사람으로 치면 엄마, 할머니, 증조할머니, 고조할머니의 가족까지 함께 사는 셈이다. 수컷은 독립시킨다.

범고래는 같은 혈족 간 근친교배를 하지 않는다. 사람과 유사하게 지능이 높은 동물이라서일까? 근친교배가 반복되면 열성유전자(생물 내에 한 쌍 존재하는 염색체 중 그 효과가 잘 드러나지 않는 한쪽 유전자의 특성. 우성유전자와 대비되는 개념)가 나올 가능성이 많다는 부작용을 인지하는 듯하다.

범고래와 유난히 사이가 좋지 않기로 유명한 동물이 있다. 바로 혹등고래다. 2009년, 미국 해양대기청의 로버트 피트먼 박사는 범고래가 새끼 바다표범을 사냥하려는 중 혹등고래에게 쫓기는 장면을 목격했다. 이 외에도 범고래의 사냥을 막는 일은 종종 있어 왔다. 이처럼 다른 종을 위하는 듯한 혹등고래의 행동을 보고 혹자는 "바다의 천사"라고도 한다. 그러나 이는 선의가 아니라 혹등고래와 범고래의 천적 관계로 이해해야 한다. 범고래는 어린 혹등고래를 잡아먹는데 이때 살아남은 혹등고래들은 범고래를 원수로 여기게 된다. 그래서 성체가 되어 범고래보다 훨씬 덩치가 커지면 범고래의 사냥을 의도적으로 방해한다. 범고래에게는 혹등고래가 여간 성가신 존재가 아니지만, 체중이 30,000~40,000kg에 달해 자신보다 3~4배나 큰 혹등고래를 이기기는 힘들다. 입장이 바뀌는 셈이다.

범고래는 아쿠아리움에서 사육하기도 한다. 매우 똑똑해서 훈련을 잘 따른다. 그러나 좁은 사육 환경으로 인한 스트레스로 건강상의 문제가 많다. 하루 평균 120km를 이동하는 범고래에게는 아무리 넓은 수조라도 턱없이 좁다. 야생에서 평균 90년을 사는 범고래들은 인간이 사육할 때 평균 수명이 20년 정도밖에 되지 않는다. 야생동물들은 대부분 야생에서는 수명이 짧고 동물원 등에서 사육하면 수명이 길어지는데, 범고래는 반대로 짧아지는 것이다. 극심한 스트레스 상황에서 사육사를 공격해 사망한 비극적인 일도 있다.

이 외에도 어업 활동, 환경 파괴 등 인간의 활동으로 생존을 위협받고 있다. 배 속에 플라스틱이 가득 차 죽어 있는 새끼 범고래가 발견돼 충격을 주기도 했다. 특히 배의 소음 공해나 해군에서 사용하는 초음파 탐지기는 범고래의 의사소통을 방해한다. 다행히 아직 멸종 위기는 아니지만 개체 수 감소의 위험이 크다. 뛰어난 전략과 사냥 능력으로 바다를 주름잡는 범고래의 세대가 지속되기를 바란다.

때로는 방어가 최선의 공격이다
집단으로 다니는 초식동물들

아프리카 초원에서는 초식동물들이 큰 무리를 이루고 생활한다. 육식동물은 10~20마리의 소규모 무리를 이루거나 단독으로 생활하는 반면, 초식동물은 몇백 마리에서 몇천 마리까지 대규모의 무리를 이룬다. 이유는 간단하다. 포식자로부터 방어하기가 유리하기 때문이다. 혼자 있을 때는 재빠른 육식동물의 공격을 피하기 어렵다. 그러나 여러 마리가 함께 있으면 적이 다가오는 것을 감지하기 쉽고 힘을 합쳐서 물리치기도 수월하다. 가장 안전한 곳인 무리의 가운데에 힘이 약한 새끼들을 배치하고, 위험한 경계선에는 건장한 수컷 성체들이 대형을 갖춰 무리를 지킨다.

● 무리를 이루고 있는 세렝게티 초원의 아프리카물소

거대한 초식동물 무리는 매우 강한 힘을 발휘한다. 특히 아프리카물소같이 덩치가 크고 성격이 사나운 초식동물 무리의 힘은 대단하다. 애니메이션 〈라이온 킹〉에는 주인공 사자 '심바'의 아버지인 '무파사'가 아프리카물소의 무리에 떠밀려 죽는 장면이 나온다. 무게 500~800kg에 이르는 거대한 덩치를 가진 아프리카물소가 시속 50km의 빠른 속도로 달려와 부딪히면 아무리 강인한 사자라고 해도 살아남기 힘들다. 이런 힘을 가진 아프리카물소는 800마리 정도가 무리를 이루어 살며 맹수로부터 자신과 새끼들을 지킨다. 종종 떨어져 나와 홀로 지내는 경우도 볼 수 있는데, 주로 세력 경쟁에서 밀린 나이 많은 수컷이다. 이들은 맹수에게 공격당할 가능성이 높아 결국 야생에서 도태된다.

초식동물이 항상 같은 종끼리만 무리를 이루는 것은 아니다. 예를 들어, 타조와 얼룩말은 종종 함께 다닌다. 타조는 날지 못하는 새로 유명하다. 대신 매우 빠르게 달릴 수 있다. 체중이 90~120kg에 달하는 새 중에서 가장 큰 새로 시력과 청력이 뛰어나지만 후각이 약하다. 반면 얼룩말은 시력은 약하지만 후각이 뛰어나다. 그래서 두 종은 함께 다니면서 사자와 같은 육식동물이 오면 서로의 뛰어난 감각을 이용해 알려 준다. 서로 이익을 얻는 상리공생 관계다.

기린 역시 무리 지어 생활한다. 다른 초식동물과 달리 무리를 구성하는 동물 수가 많지는 않다. 수컷 기린은 단독으로 생활하며 암컷 기린은 12마리 정도 모여 생활한다. 무리의 개체 수가 다른 초식동물에 비해 적은 이유는 먹이 때문이다. 거대한 몸집을 가진 기린들이 너무 많이 함께 다니면 먹이를 충분히 구하기 힘들어진다. 이러한 기린은 유독 다른 초식동물에게 인기가 많다. 초식동물은 나뭇잎을 먹는 브라우저(Browser) 동물과 풀을 뜯어 먹는 그레이저(Grazer) 동물로 나뉜다. 브라우저 동물에는 코끼리, 기린, 사슴 등이 있고, 그레이저 동물에는 코뿔소, 물소, 영양 등이 있다. 목이 긴 기린은 키가 4.8~5.5m로 매우 크다. 기린은 높은 나무의 나뭇잎을 먹기 때문에 풀을 뜯어 먹는 초식동물과 먹이가 겹치는 경우가 적을 뿐더러, 멀리서 다가오는 포식자를 빨리 감지한다. 초식동물은 기린 곁에서 풀을 뜯고 있다가 기린이 멀리서 적 오는 것을 감지해 달려가면 함께 도망가는 전략을 택한다. 기린은 이익을 보는 것이 없고 다른 초식동물은 이익을 보는 편리공생 관계다.

아프리카코끼리는 개코원숭이와 협력한다. 개코원숭이는 육식과 초식을 골고루 하는 잡식동물이지만 초식동물인 코끼리와 협력한다. 가뭄이 들어 마실 물이 적어지면 코끼리들은 지하수가 있는 곳을 탐지해 땅을 파고 물웅덩이를 만드는 재주가 있다. 이렇게 코끼리가 판 물웅덩이를 개코원숭이도 이용한다. 물을 얻어 마신 후에는 은혜를 보답하려는 듯한 행동을 한다. 아프리카코끼리가 물을 마시느라 경계가 소홀할 때 적을 발견하면 큰 소리를 내서 알려 주며 보초 역할을 한다.

그러나 초식동물이라고 해서 항상 협력하는 것은 아니다. 영역

● 아프리카 보츠나와에서 본 무리에서 떨어져 홀로 있던 아프리카물소. 가이드는 이 물소가 나이가 많아 무리에서 도태된 수컷이라고 했다.

싸움이나 먹이 경쟁을 할 때는 살벌하게 싸운다. 내가 근무하던 동물원에서 겜스복과 얼룩말을 혼합 전시(두 종 이상의 다른 종을 함께 사육하는 것)한 적이 있다. 겜스복은 영양의 일종으로 머리에 길고 곧은 두 개의 뿔이 있다. 수컷 겜스복의 뿔은 좀 더 발달했는데 이것으로 다른 동물을 공격한다. 겜스복과 얼룩말은 평소 큰 다툼 없이 사이좋게 지냈다. 그런데 어느 날 발정기인 수컷 겜스복과 얼룩말이 격렬하게 싸우기 시작했다. 동물들은 발정기에 예민하고 경계심이 많아지는데, 특히 수컷들은 공격적이 된다. 결국 얼룩말은 겜스복의 길고 거대한 뿔에 허벅지를 찔려 즉사했다.

같은 종의 초식동물도 자주 싸운다. 주로 발정기의 수컷들이 우두머리 자리를 차지하기 위함이다. 동물원에 있던 아프리카물소 수컷 두 마리가 서열 싸움을 한 적이 있다. 한 마리가 다른 한 마리를 들이받아 방사장의 해자(방사장 주위에 파 놓은 물길)로 떨어뜨렸다. 떨어진 아프리카물소는 척추뼈가 부러져 죽고 말았다. 이처럼 초식동물은 평소에는 무리를 지어 서로를 지키지만, 서열을 정할 때는 죽음까지 불사할 정도로 강력하게 경쟁한다.

초식동물이 무리를 이루고 다른 종과 협력하는 모습을 보면, 중국 전국시대의 사상가 장자의 "뭉치면 살고 흩어지면 죽는다"(단생산사, 團生散死)는 말이 떠오른다. 맹수에게 쫓기기만 하는 것 같은 초식동물도 협력이라는 생존 전략이 있는 것이다. 그렇다면 이제는 저 말을 확대해 더 이상 동물들이 멸종 위기에 처하지 않도록 인간과 동물이 뭉쳐야 할 때가 아닐까?

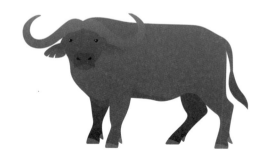

가축은 언제부터 인간과
함께하기 시작했을까?

인간과 가축의 공생관계

소, 돼지, 닭과 같은 가축은 인간에 의해 사육·도축된다. 어떤 사람은 이런 가축들이 자유를 빼앗기고 불행하다고 생각해서 모두 해방시켜야 한다고 주장한다. 그러나 가축은 야생 동물 시절부터 인간과 만나 거처와 먹이를 얻으며 개체 수를 증가시켜 왔다. 많은 야생동물이 멸종 위기에 처했지만 가축은 멸종 위기에서 벗어나 번성하고 있다고 보는 시각도 있다.

그렇다면 가축은 언제부터 인간과 함께하기 시작했을까? 최초의 가축이 된 동물은 개로 알려져 있다. 지금으로부터 약 13,000년 전, 야생의 늑대가 인간에 의해 길들여지면서 개라는 종이 탄생했다. 그다음으로 가축이 된 동물은 양이다. 흔히 가축으로 떠올리는 소나 돼지는 상대적으로 가축화가 늦게 되었다. 가축화는 인간에 의해 일방적으로 일어난 것이 아니라 공생의 일종이라는 가설이 있기도 하다.

특히 낙타의 경우가 그렇다. 사막을 건너는 사람들에게 있어 없어서는 안 될 소중한 동물이다. 낙타는 척박한 사막 환경을 잘 견디지만 건기에는 먹이를 구하기 힘들어서 사람 곁에 있는 것이 이익이었다. 그래서 사막을 건너는 사람의 짐을 운반해 주고 대신 먹이를 얻는 생존 전략을 취했다. 결국 낙타와 사람은 서로 이익을 보는 상리공생 관계가 됐다. 야생 낙타가 멸종 위기에 처해 있고 가축이 된 낙타들은 번성하고 있는 것을 보면 가축이 된 낙타의 생존 전략이 통했을지도 모른다.

소의 경우 아프리카 대륙에서 순한 야생 소를 길들인 것을 시작으로 오늘날에 이르렀다. 소는 인간에게 없어서는 안 될 존재다. 농사일을 돕고 우유와 고기, 가죽을 주는 고마운 동물이다. 대신에 인간은 소에게 사자와 같은 천적으로부터 보호해 주는 보금자리와 먹이를 제공한다.

그렇다면 코뿔소나 치타와 같은 야생동물은 왜 가축이 되지 못했을까? 우선 온순한 성격을 가져야 하고, 식성이 까다롭지 않고 뭐든지 잘 먹는 동물이 아니기 때문이다. 또한 무리 생활을 하며 서열을 인지하는 동물들의 경우 사람들은 이 습성을 간파해 잘 따르게 했지만, 코뿔소나 치타와 같이 성격이 사납고 단독 생활을 하는 동물들은 인간을 따를 이유가 없었다. 간혹 어릴 때부터 인간이 길러서 길들인다고 해도 순화가

● 사막에 사는 이들에게 꼭 필요한 동물, 낙타.

가축은 언제부터 인간과함께하기 시작했을까?

질문하는 책

될 뿐이지 개와 같이 인간을 적극적으로 따르기 어려운 본능을 가졌다. 이런 이유로 많은 동물 중에 인간의 필요와 동물들의 습성이 맞는 몇 종만 가축으로 길들일 수 있었다.

사람과 가축은 서로 동고동락하면서 없어서는 안 될 사이다. 특히 목축을 업으로 삼아 물과 풀을 따라 옮겨 다니며 사는 민족인 '유목민'에게 가축은 전 재산이자 식량, 그리고 친구다. 유목민이 사는 지역은 척박하고 비가 거의 내리지 않아서 농사를 짓기 어렵다. 따라서 말, 양, 순록, 소 등을 길들여서 가축으로 사육하고 식량으로 사용한다. 유목민은 가축들이 먹을 목초지를 찾아 함께 이동하면서 키운다. 밤이 되면 망을

● 가축을 사육하며 사는 몽골 유목민.

가축은 언제부터 인간과함께하기 시작했을까?

보며 늑대나 맹수로부터 가축을 지킨다. 유목민은 가축을 소중하게 돌본다. 꼭 식량이 필요할 때만 도축했고, 이때도 최대한 고통을 느끼지 않게 순간적으로 죽였다. 또한 돈이 꼭 필요한 순간에만 가축을 팔아 마련했다. 일정 수의 가축이 존재해야만 삶이 계속될 수 있는 유목민에게 동물과 공생하는 지혜가 보인다.

그러나 현대의 공장식 축산은 효율성만 극대화해 동물을 사육한다. 현대의 가축은 오직 고기와 알, 우유 등 부산물을 얻기 위해 사육된다. 최소한의 비용으로 최대 생산을 하기 위해서 좁은 우리 안에 다닥다닥 붙어서 사육되는 과밀 사육의

● 공장식으로 닭을 사육하는 양계장.

형태가 많다. 특히 닭의 경우는 5층 높이로 층층이 쌓인 A4 용지 한 장 정도 크기의 좁은 곳에서 사육된다. 사육되는 닭은 다른 닭을 공격해 혹시라도 상품성이 떨어질 것을 우려해 태어나자마자 부리 끝이 잘린다. 병아리는 태어난 지 며칠 후에 감별사에게 성별을 확인받는다. 이때 알을 낳지 못하는 수컷으로 감별되면 살아갈 날이 더 짧아진다. 고기가 될 운명에 처하면 한 달도 채 되지 않는 28일밖에 자라지 못한다. 닭을 도축장으로 보낼 수 있는 출하 가능 시기가 생후 28~35일이기 때문이다. 오래 키울수록 육질이 질겨지고 사룟값도 많이 들기 때문에 최대한 빨리 도축을 보낸다. 돼지 또한 닭과 비슷하게 좁은 축사에 누울 틈도 없이 다닥다닥 붙어서 산다. 돼지는 닭보다는 좀 더 오래 키우는데 6개월 정도 사육한 뒤 도축된다.

공장식 축산으로 사람들은 더욱 저렴한 가격에 축산품을 구할 수 있게 되었다. 그러나 이러한 사육 방법은 동물 삶의 질 하락은 물론 인간에게도 많은 문제를 일으킨다. 첫째, 과밀한 사육 환경에서 스트레스를 많이 받은 동물들은 면역력이 낮아진다. 따라서 쉽게 병이 걸리고, 다른 개체와 붙어 있어서 전염병이 퍼지기도 한다. 닭이나 오리와 같은 조류에게 조류독감이 퍼지면 몇 만 마리가 넘게 죽거나 살처분당한다. 소나 돼지는 구제역이 유행하기도 한다. 둘째, 동물의 전염병은 인간에게 옮기도 한다. 동물과 사람이 모두 걸리는 전염병을 '인수공통전염병'이라고 하는데 조류독감이 대표적인 예다. 셋째, 전염병을 예방하고 치료하기 위해 가축에게 투여하는 항생제 남용도 문제가 된다. 항생제는 육류에 남아 사람이 섭취할 가능성과 함께, 항생제 내성이 생긴 슈퍼박테리아가 생길 위험도 있다. 넷째, 가축 사육장에서 나오는 분뇨로 인한 악취와 환경오염도 문제다.

가축과 인간은 오랜 시간 함께 지낸 서로 없어서는 안 되는 공생관계였다. 그러나 현대에 이르러 공장식 사육으로 인해 점점 가축을 향한 착취 행위가 증가하고 있다. 한쪽에서는 이러한 사육 방법 부작용과 동물권에 대한 관심 증가로 동물복지 농장이 늘어나고 있다. 동물복지 농장은 가축이 충분히 쉴 수 있는 여유로운 공간, 적절한 먹이 등을 제공해 동물들이 스트레스를 받지 않고 건강하게 자랄 수 있는 곳이다. 이런 곳은 가축의 생산성이 줄어든다는 단점이 있지만 동물들의 전염병 발생률이 적고 더 건강한 축산품을 공급한다는 장점이 있다.

인간과 가축이 미래에도 더욱 좋은 관계가 될 수 있도록 노력해, 착취가 아닌 든든한 동반자로 함께 나아가야 하지 않을까.

불법적으로 동물을 사냥하는 밀렵은 왜 일어날까?

수요가 없으면 공급도 없다

야생동물의 생존을 위협하는 '밀렵'. 허가를 받지 않고 몰래 사냥하는 것을 말한다. 주로 야생동물의 뿔이나 가죽을 얻기 위해 행해진다. 또 다른 나쁜 행동은 '밀수'가 있는데 불법적으로 물건이나 동물을 사들여 오거나 내다 파는 것을 말한다. 밀렵과 밀수는 머나먼 아프리카에서 일어나는, 우리나라와 관계가 없는 일이라고 생각할 수도 있다. 그러나 지금 이 순간에도 여전히 국내에서 밀렵과 밀수는 성행하고 있다.

대표적으로 많이 밀렵되는 동물은 코끼리, 코뿔소다. 코끼리의 상아는 예로부터 공예품으로 많이 제작되었다. 상아는 코끼리의 위턱에서 길고 뾰족하게 튀어나온 송곳니로 주로 땅을 파거나 싸울 때 사용한다. 수컷 코끼리는 상아가 특히 발달했는데, 아름다운 색으로 고유의 색 이름도 존재한다. 흰색에 살짝 노란빛이 도는 색을 상아색이라고 하며, 영어로는 아

● 상아가 아름다운 수컷 코끼리.

이보리(Ivory) 색이다. 상아로는 주로 목걸이, 귀걸이, 팔찌 등을 만드는데 시장에서 인기가 좋다. 그러나 이 때문에 야생 코끼리의 수는 급감하고 있다. 아프리카 숲에 서식하는 코끼리 개체 수는 지난 31년간 86% 이상 감소했으며, 초원에 사는 사바나 코끼리의 경우 50년간 개체 수의 60%가 감소했다. 거대한 상아를 가진 대부분의 코끼리가 밀렵당해 현재 야생에는 작고 짧은 상아를 가진 코끼리만 남게 되었다는 연구 결과도 있다.

코끼리의 밀렵 과정은 매우 잔인하다. 대부분의 코끼리는 밀렵꾼의 총에 맞는데 완전히 죽은 상태에서 고통 없이 상아를 가져가면 그나마 다행이다. 밀렵꾼들은 코끼리를 완전히 죽이지 않은 채 움직이지 못하게 척추를 먼저 잘라 하반신을 마비시킨다. 그리고 상아를 가져가려고 전기톱으로 코끼리의 코와 상아 부분을 도려낸다. 코끼리는 얼굴이 반쯤 잘린 상태에서 죽지 못하고 고통 속에 괴로워하며 살아 있다가 서서히 죽어간다. 밀렵꾼들은 자신의 경제적 이득만 생각하기 때문에 코끼리의 고통에는 관심이 없다.

코뿔소 역시 뿔 때문에 밀렵을 당한다. 코뿔소의 뿔 또한 공예품으로 인기가 많다. 예멘과 같은 중동에서는 코뿔소의 뿔로 고가의 단검 자루를 만든다. 또한 뿔이 정력에 좋다거나 암 치료에 효과가 있다는 소문이 있다. 그러나 코뿔소의 뿔은

● 밀렵으로 멸종 위기에 처한 흰코뿔소.

불법적으로 동물을 사냥하는밀렵은 왜 일어날까?

소의 뿔처럼 뼈가 아닌 피부 변형의 결과다. 즉, 성분은 사람의 손톱과 같은 큐티클이다. 때문에 정력이나 항암에는 전혀 효과가 없다. 힘센 코뿔소의 뿔이어서 몸에 좋을 것 같다는 근거 없는 믿음 때문에 많은 코뿔소들이 희생당하고 있다.

내가 남아프리카공화국(이하 남아공)의 야생동물 구조 센터에서 봉사 활동을 할 때의 일이다. 근처의 야생동물 보호 구역을 둘러볼 기회가 생겼다. 이곳에서 사자, 표범과 같은 동물들을 찾으러 다녔는데 갑자기 거대한 동물의 뼈가 나타났다. 구조 센터 직원은 얼마 전 밀렵을 당해 죽은 코뿔소의 뼈라고 했다. 뼈만 남았지만 꽤 커 보이는 코뿔소였고 뿔은 잘려 있었다. 살아 있었다면 거대하고 멋진 코뿔소였을 텐데 밀렵을 당해서 생을 마감했다니 매우 안타까웠다.

코뿔소의 종류는 크게 흰코뿔소와 검은코뿔소로 나뉜다. 흰코뿔소는 지역에 따라 북부흰코뿔소와 남부흰코뿔소로 분류된다. 극심한 밀렵으로 인해 지구상의 북부흰코뿔소는 단 2마리만 남아 있어 곧 멸종될 것으로 예측된다. 남부흰코뿔소 역시 심각한 멸종 위기에 처해 있다.

현재 남아공에서는 코뿔소를 보호하기 위한 프로젝트로 코뿔소의 뿔을 잘라내고 있다. 밀렵꾼들에게 희생당하지 않도록 아예 야생동물 전문 수의사가 안전하게 마취하고 뿔만 잘라내는 게 더 낫다는 판단이다. 실제로 남아공에서 가장 큰 야생동물 국립공원인 크루거 국립공원에서 코뿔소의 뿔을 잘라내니 밀렵 행위가 줄었다.

그렇다면 야생동물의 생명을 위협하고 멸종 위기에 처하게 하는 이러한 밀렵은 왜 하는 것일까? 희귀한 야생동물의 부산물은 매우 비싼 가격에 팔리기 때문이다. 코뿔소 뿔의 가격은 1kg에 5만4,000달러(약 7,000만 원)로 1kg에 8,850만 원인 금과 가격이 비슷하다. 코끼리 상아도 이에 못지않게 비싸게 팔린다. 코뿔소와 코끼리는 주로 끊임없이 내전(한 나라 안에서 일어나는 싸움)이 발생하는 아프리카 지역에 서식한다. 그래서 이곳 사람들은 생계 목적으로 밀렵을 하기도 한다.

내전에 시달리는 와중이기 때문에 야생동물에 대한 밀렵을 단속하고 보호 조치를 하기도 어려운 실정이다. 또한 여러 아프리카 국가가 여행 위험 국가로 지정되면서 국제 동물 보호 단체나 연구가들이 방문하기도 힘들다. 이런 상황에서 밀렵꾼들은 레이저 탐지기 등 최첨단 장비를 사용해 더욱 전문·조직화되고 있다. 밀렵을 해서 번 돈으로 더욱 좋은 장비를 구입해 야생동물들의 멸종 위기가 가속화되는 악순환이 반복되는 중이다.

● 밀렵으로 인해 뼈만 남은 코뿔소의 뼈.

코뿔소와 코끼리 같은 야생동물의 밀렵은 아프리카만의 문제일까? 우리나라는 아무런 연관도 없을까? 놀랍게도 코뿔소의 뿔이 주로 유통되는 국가는 중동, 중국 그리고 한국이다. 우리나라는 보신 문화가 발달한 나라 중 하나다. 정력에 좋다는 미신 때문에 코뿔소의 뿔이 머나먼 아프리카에서 이곳까지 밀수되고 있다. 몸보신 문화가 아프리카 야생동물의 생존을 위협하고 있는 것이다.

우리나라의 토종 야생동물도 밀렵의 위협으로부터 자유로울 수 없다. 야생동물 구조 센터에서 근무할 때에 덫에 걸려서 다리가 전부 괴사된 너구리 다리의 절단 수술을 한 적이 있다.

국내의 야산에는 아직도 야생동물을 잡기 위한 덫이나 올무가 많이 놓여 있다. 야생동물은 이렇게 함정에 걸리면 먹이를 먹지 못해 굶어 죽게 된다. 운 좋게 살아 있는 채로 발견해 구조 센터로 보내도 다리를 온전하게 치료하기 어렵다. 산에 놓인 덫은 녹이 슨 경우가 많다. 따라서 덫에 걸린 야생동물은 파상풍균과 같은 세균에 감염되어 다리가 썩은 채로 발견되기도 한다. 몸통이 올무에 걸려서 등 피부가 깊게 파인 채 구조된 고라니도 있었다. 며칠 동안 정성껏 치료했지만 결국 폐사하고 말았다. 이처럼 올무와 덫으로 야생동물을 잡는 것은 우리나라에서 불법이다. 그러나 제한된 단속 인원으로 전국의 모든 산에 있는 불법 밀렵 행위를 단속하는 것은 불가능한 실정이다.

밀렵은 야생동물의 멸종을 불러일으키는 주요 원인이다. 야생동물 보호에 대한 관심은 증가되었지만 한쪽에서는 갈수록 밀렵 행위가 교묘해지고 첨단화되고 있다. 이를 막기 위해서는 야생동물의 부산물을 애초에 이용하지 말아야 한다. 그러나 국제적으로 코끼리 상아 거래가 불법임에도 불구하고 글로벌 온라인마켓 이베이에서는 상아가 버젓이 판매되고 있다. 이베이 측은 야생동물 제품에 대한 판매를 원칙적으로 금지하고 있지만 업체들이 몰래 올리는 것까지 일일이 확인하

기는 어렵다는 입장이다. 사는 사람이 없으면 파는 사람도 없
듯이 야생동물 부산물에 대한 수요가 없어야 밀렵 행위도 없
어진다. 밀렵으로 인해 단 2마리밖에 남지 않은 북부흰코뿔소
를 보면 안타까운 마음이 크다. 더 이상 야생동물들이 멸종되
지 않도록 철저한 밀렵 단속과 사람들의 야생동물에 대한 인
식 전환 교육이 시급하다.

2장
사랑 : 서로 아끼고 귀하게 여기는 동물들

엄마도 첫 육아는 힘들다

점박이물범 '은이'의 출산기

둥글둥글하고 오동통한 외모를 가진 점박이물범은 동물원에서 인기 있는 동물 중 하나다. 점박이물범은 천연기념물 331호이자, 환경부 지정 멸종 위기 야생생물 2급으로 우리나라 백령도 일대에서 가끔 발견되는 귀한 해양 포유류다. 점박이물범과 비슷하게 생긴 물범으로는 잔점박이물범(참물범이라고도 부른다)이 있는데, 우리나라에서는 서식하지 않는다.

물범은 보통 3~5세가 되면 성적으로 성숙한다. 따뜻한 봄날인 4월쯤에 짝짓기를 해 1년 동안 배 속에 새끼를 품은 뒤 이듬해 3월쯤 출산한다. 다 큰 물범은 회색빛 털에 검은색 얼룩이 있지만, 갓 태어난 새끼는 보송보송한 크림색 솜털로 덮여 있다. 물범은 원래 북극의 얼음 위에서 새끼를 낳기 때문에 몸에 따뜻한 솜털이 필요하다. 또한 크림색 털은 흰색 얼음 위에서 천적으로부터 새끼들을 지켜 주는 보호색 역할을 한다. 새끼 물범은 태어난 지 한 달 정도가 되면 털갈이를 하고, 어미와 비슷한 회색빛 털에 검은색 얼룩의 모습이 된다.

사람도 첫 육아는 유독 힘든 것처럼 동물도 마찬가지다. 원래 출산 일보다 다소 이른 2월 말, 근무하던 동물원의 점박이물범 '은이'가 첫 출산을 했다. 동물원에서 오랜만에 태어난 새끼 물범이라서 해양관 사육사 모두가 매우 기뻐했다. 그런데 이상하게도 새끼가 아무리 젖을 빨아도 몸무게가 점점 줄었다. 이틀째가 되자 새끼는 축 처지더니 탈진까지 했다. 사육사들은 새끼의 건강 상태가 걱정돼, 은이와 새끼 물범을 촬영하던 CCTV를 돌려 봤다. 그 결과 은이에게 젖이 나오지 않는 것을 알게 됐다. 결국 새끼와 어미를 분리해서 사육사들이 기르는 '인공 포육'을 하기로 했다. 은이도 나오지 않는 젖을 물리느라 고생했겠지만 이후 사육사와 수의사들도 힘든 일정을 보내야 했다. 새끼 물범은 사람의 아기처럼 늦은 밤에도 분유를 먹여야 한다. 첫 주에는 3~4시간 간격으로 분유를 주고, 다음 주는 6시간 간격, 그리고 그 다음 주는 8시간 간격으로 분유를 먹였다. 다행히 사람과 달리 물범의 수유 기간은 3~4주로 짧은 편이다.

여기서 잠깐, 새끼 물범은 어떤 분유를 먹을까? 강아지나 고양이가 먹는 분유를 먹여도 될까? 물범은 자라는 데 필요한 영양소를 고

● 천연기념물 점박이물범.

루 갖춘 특별 분유가 필요하다. 물범의 오동통한 몸매를 보면 알겠지만 피하지방(포유류의 피부 밑에 많이 든 지방 조직)이 매우 발달한 동물이다. 극지방의 추운 날씨를 견뎌야 하기 때문이다. 그래서 물범의 모유에는 지방이 풍부하다. 성장기 물범의 영양소에 맞는 맞춤 분유를 주지 않고, 강아지나 고양이 분유를 먹이면 영양소 부족으로 성장에 문제가 생긴다.

물범의 모유에는 지방 45%, 단백질 9% 정도가 들어 있다. 애완동물 분유와 단백질 함량은 비슷한데 문제는 지방이었다. 새끼 물범을 위해 지방 함량이 높은 분유를 만들기 위해 강아지 분유에 생크림을 섞었다. 생크림은 지방 함량이 38% 정도다. 다 만든 후에 분

불법적으로 동물을 사냥하는밀렵은 왜 일어날까?

● '은이'가 낳은 새끼 물범. 하트 모양 코와 크림색의 보송보송한 솜털이 귀엽다.

유를 먹이기 위해 위까지 관을 넣어야 했다. 새끼 물범이 알아서 젖병을 빨면 좋았겠지만 어미의 젖꼭지와 너무 다른지 스스로 빨지 못했다. 그리고 젖병을 잘못 빨아서 분유가 기도로 넘어가기라도 하면 오연성 폐렴(이물질이 기도나 기관지, 폐로 들어가 생기는 폐렴)이 생길 위험이 있다. 다행히 새끼 물범은 관을 통해 분유를 잘 먹었고 사육사와 수의사들이 지극정성으로 보살핀 덕분에 체중도 쑥쑥 늘어났다. 어느덧 생선을 먹는 이유기가 되어 스스로 먹이를 먹었고, 나와 동료들은 비로소 고된 육아에서 해방될 수 있었다.

그러다 어미 은이에게 둘째가 생겼다. 다행히 둘째를 낳았을 때는 젖이 나왔다. 그런데 이번에는 새끼를 돌보려고 하지 않는 것이

● 옥시토신을 주사하자 새끼에게 젖을 물리는 어미 점박이물범 은이.

다. 사육사와 수의사들은 은이의 모성애를 촉진하는 전략을 세웠다. 물범에게 어떻게 모성애를 유발할까? 새끼를 돌보는 교육을 해줄 수도 없고, 새끼를 잘 돌보라고 타이를 수도 없는데 말이다. 우리는 옥시토신을 주사했다. 뇌하수체 후엽에서 분비되는 옥시토신은 출산할 때 자궁을 수축해서 배 속의 태아가 나올 수 있게 하고, 출산 후에는 유선을 수축해서 젖이 잘 나오게 하는 호르몬이다. 새끼가 잘 나오지 않는 난산이나 젖이 잘 나오지 않을 때 사용한다. 옥시토신 호르몬은 모성애와 연관이 많다.

옥시토신은 모성애와 부성애 등 애착 관계 형성에 도움을 주는 것이 연구로 밝혀져 있다. 한 실험에서 새끼를 낳은 적이 없는 암컷 쥐와 다른 쥐가 낳은 새끼들을 함께 두었는데 자신의 새끼가 아니니 암컷 쥐는 전혀 관심을 주지 않았다. 그러나 옥시토신을 주입하자 암컷 쥐가 새끼를 돌보기 시작했다. 수컷 쥐에게 옥시토신을 주입하자 암컷처럼 적극적으로 새끼를 돌보지는 않았지만 새끼 쥐에 대한 공격성이 감소했다. 또한 평생 일부일처제로 사는 '초원들쥐'는 옥시토신 수용체가 다른 쥐보다 많다. 금슬 좋은 쥐인 이유가 있는 것이다. 사람도 옥시토신 스프레이를 코에 뿌리면 처음 보는 사람과 신뢰성이 증가하고 불안 증상이 줄어든다는 결과가 있다. 그래서 옥시토신은 "사랑의 호르몬"이라고도 불린다.

처음 은이에게 옥시토신을 주사했을 때는 크게 효과가 없어 보였다. 여전히 은이는 새끼가 젖을 빨려고 다가오면 귀찮은지 이

리저리 도망치기 일쑤였다. 옥시토신 주사의 투약 규약에 따르면 3~4시간 뒤에도 효과가 없을 경우 3번까지 주사를 놓을 것을 권장한다. 따라서 2번째 주사를 놓으려고 했다. 그런데 때마침 옥시토신의 효과가 나온 것인지, 아니면 주사를 맞기 싫었던 것인지 갑자기 은이가 새끼에게 허겁지겁 젖을 물리기 시작했다. 새끼는 어미젖이 너무 고팠는지 힘차게 빨았다. 은이는 점점 새끼를 핥아 주며 다정하게 챙겼다. 결국 둘째는 인공 포육 없이 무사히 어미 품에서 자랄 수 있었다.

　사람들은 흔히 여성이 아이를 낳으면 모성애가 자동으로 생기는 줄 안다. 그러나 모성애는 엄마의 끊임없는 노력과 옥시토신의 작용 등 복잡한 과정을 거쳐서 생긴다. 사랑하지만 육아는 힘들다. 사람이나 동물이나 마찬가지다. 그럼에도 불구하고 새끼를 열심히 돌보는 모든 어머니는 위대하다.

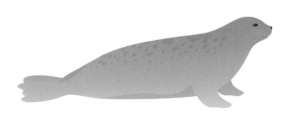

　　　　　　불법적으로 동물을 사냥하는밀렵은 왜 일어날까?

아빠가 주 양육자인 동물이 있다?

샤망

주머니긴팔원숭이 또는 큰긴팔원숭이라고도 불리는 '샤망'은 멸종 위기 1급에 속하는 유인원이다. 이름처럼 길고 가느다란 팔과 4km 밖에서도 들리는 특이한 울림소리를 내는 목 아래 불룩한 목주머니로 유명하다. 샤망은 암수 한 쌍과 자식들이 가족을 이루어 함께 살아간다.

특이하게도 샤망은 수컷이 주로 양육을 담당한다. 개와 고양이 같은 대부분의 포유류는 암컷이 주로 새끼를 기르며 수컷은 크게 관심이 없다. 그러나 샤망은 다르다. 가족을 지키고 새끼를 기르는 데 아빠 샤망의 역할은 매우 중요하다. 아빠 샤망은 아침마다 거대

● 목주머니가 돋보이는 샤망.

한 목주머니를 이용해 큰 울림소리를 낸다. 혹시나 영역 내에 다른 샤망이 침범하거나 포식자가 나타나면 적극적으로 쫓아내서 가족을 지키기 위해서다. 이처럼 안전을 유지하는 것은 물론 가족들을 이끌고 먹이를 찾으러 다닌다.

샤망 가족의 가장 중요한 사회적 활동 중 하나는 바로 그루밍(Grooming, 털 손질)이다. 다 큰 샤망은 하루 평균 15분 동안 그루밍을 하는데 가족 간의 친밀감과 유대감을 높이는 중요한 의식이다. 특히 지배력이 우세한 쪽이 더 많은 그루밍을 받는다. 주로 수컷이 암컷에게 해 주는데 이런 행동으로 보아 샤망 가족은 암컷의 지배력이 더 높다고 볼 수 있겠다. 아빠 샤망이 하는 일은 많지만 실질적으로는 엄마의 힘이 더 센 것이다.

그런데 아빠 샤망은 모두 육아에 열심히 참여할까? 사람도 육아를 하는 데 차이가 있듯이 샤망도 마찬가지다. 내가 근무하던 동물원에 샤망 커플이 있었다. 어느 날 샤망을 돌보는 사육사에게 연락이 왔다. 암컷 샤망이 임신을 한 것 같다고 했다. 연락을 받고 가서 살펴보니 확실히 전보다 배가 불렀고, 사육사는 5개월 전에 둘이 교미하는 것을 봤다고 했다. 샤망의 임신 기간은 약 7개월 반이어서 두 달 반 후에는 새끼를 낳을 것으로 예상했다. 암컷 샤망이 잘 먹고 잘 지낼 수 있게 더욱 신경써서 관리했고, 두 달 반 뒤에 암컷 샤망은 무사히 새끼를 낳았다.

어미와 새끼는 둘 다 건강해 보였다. 어미는 새끼를 품에 꼭 안고 있었다. 그렇게 잘 지내나 했는데 며칠 뒤에 사육사에게서 다급한

목소리로 연락이 왔다. 어미가 새끼를 돌보지 않는다는 것이다. 가 보니 어미가 새끼를 발로 밀고 있었다. 품속을 파고드는 새끼를 떼 내고 있었다. 순간, 수컷 샤망이 눈에 들어왔다. 샤망은 보통 수컷이 주로 새끼를 돌보는데, 이 수컷은 마치 자기의 자식이 아닌 것처럼 관심을 보이지 않았다. 눈길조차 주지 않으면서 그저 구석에서 우 걱우걱 먹이만 먹었다.

　동물원 사람들은 멸종 위기 종인 샤망이 엄마와 아빠의 보살핌을 받지 못한 채 죽을까 봐 걱정했다. 상의 끝에 새끼를 분리해서 사육 사가 기르기로 했다. 분리할 때는 조심해야 했다. 샤망은 거대한 송 곳니와 강한 팔 힘을 가지고 있어서 사람을 공격하면 매우 위험해 진다. 그래서 먼저 수컷을 옆 칸으로 분리시키고 어미는 마취하기 로 했다. 어미가 잠들자 사육사가 새끼를 담요에 싸서 데려갔다. 수 의사들은 어미의 건강 상태를 점검하기 위해서 채혈하고 엑스레이 를 찍었다. 혈액 검사와 엑스레이 검진 결과 어미의 건강 상태는 모 두 정상이었다. 건강에 문제가 생겨 새끼를 밀어낸 것은 아니었다.

　새끼 샤망은 사육사들의 보살핌 덕분에 쑥쑥 자랐다. 그러던 어 느 날, 호흡이 이상하다는 연락을 받았다. 인간의 아기 때와 마찬가 지로 어린 동물은 조금만 상태가 안 좋아도 짧은 시간에 급격히 악 화될 수 있다. 급히 새끼 샤망의 건강 상태를 알기 위해 엑스레이 촬 영을 했다. 폐가 뿌옇게 변해 보여서 폐렴이 의심됐고, 심장도 유난 히 크게 보였다.

　새끼 샤망의 심장을 정밀 검사하기 위해 대학 동물병원 교수님에게 진료 의뢰를 하고 데려갔다. 정밀 검사 결과, 새끼 샤망은 심실중격결손이라는 선천적 심장병을 가지고 있는 것으로 판명되었다. 심실중격결손은 심장을 구성하는 심실 중앙부의 근육에 구멍이 나서 심장 혈류에 이상이 생기는 병이다. 이 병이 있으면 전신에 산소 공급이 잘 되지 않아 호흡이 가빠지고 운동을 많이 할 경우 쓰러지게 될 수도 있다. 다행히 새끼 샤망 심장에 난 구멍은 크지 않아서 약을 먹으면서 관리하면 크게 문제가 없을 거라고 했다. 새끼 샤망은 그 뒤로 치료를 받으며 건강을 회복했다.

문득 그런 생각이 들었다. 어미 샤망은 새끼가 약하게 태어난 것을 알고 있던 건 아닐까? 야생에서 동물들은 약한 새끼를 본능적으로 안다고 한다. 그래서 선천적으로 약하게 태어난 새끼는 육아를 포기해 버리는 경우도 종종 있다. 어쩌면 엄마와 아빠 샤망은 애정이 없었던 게 아니라 야생의 본능을 따랐던 것일지도 모른다.

첫째 샤망이 태어나고 정확히 8개월 뒤, 둘째 샤망이 태어났다. 원래 샤망은 2~3년마다 한 마리의 새끼를 낳는 것으로 알려져 있다. 따라서 아무도 둘째가 태어날 것이라고 예상하지 못했다. 그런데 2~3년마다 새끼를 낳는 것은 어미가 새끼를 자연적으로 모유 수유를 했을 경우다. 샤망은 출산을 하고 약 1년 동안 새끼에게 모유 수유를 하며 그동안 짝짓기를 하지 않는다. 그러나 이번 샤망의 경우, 첫째를 인공 포육해서 모유 수유 기간이 없었다. 그렇기 때문에 바로 수컷과 짝짓기를 했고 8개월 뒤에 다시 출산한 것이다.

불법적으로 동물을 사냥하는밀렵은 왜 일어날까?

　그런데 이번에는 수컷이 정성스럽게 새끼를 돌보는 모습이 관찰됐다. 아빠 샤망이 육아에 참여하자 어미 샤망도 둘째를 열심히 돌봤다. 둘째는 건강에 큰 이상 없이 엄마, 아빠의 사랑을 받으며 무럭무럭 자랐다. 샤망 부부의 금슬이 좋은 것인지 2년 뒤에 셋째 샤망도 태어났다. 이제는 육아 프로가 된 샤망 부부는 셋째도 능숙하게 키웠다. 수컷 샤망은 매일 암컷과 자식들에게 그루밍을 해주면서 다정한 모습을 보인다. 둘째 샤망은 암컷이고 셋째 샤망은 수컷인데 아직 어려서 목주머니가 발달하지 않아 엄마와 아빠처럼 목청 높여 노래를 부르지는 못한다. 그래도 엄마, 아빠가 아침마다 목주머니를 부풀려 노래를 부를 때 같이 따라 부르려고 애쓰는 모습이 펙 귀엽다.

첫째 샤망은 안타깝게도 가족들과 합사하지 못했다. 사람이 따로 길렀기 때문에 샤망 부부가 가족으로 인지하지 못하고 공격할 위험이 있었기 때문이다. 그래도 샤망 가족 옆 칸에서 지내며 얼굴을 익히고 있다. 얼굴을 계속 보면서도 공격하지 않으면 합사를 시도해볼 예정이다. 엄마, 아빠 같은 사육사들이 계속 애정을 주면서 훈련하고 함께 많은 시간을 보내고 있다.

둘째인 암컷 샤망은 성적으로 성숙하는 6~7세가 되면 가족을 떠나야 한다. 대부분의 포유류 무리는 수컷 우두머리가 있고, 어린 수컷은 성장하면 무리를 떠난다. 그러나 샤망은 반대이다. 어미 샤망이 암컷인 자식이 크면 자신의 자리를 위협한다고 여기고 공격할 수 있었기 때문이다. 샤망 가족이 계속 행복하게 살아가면 좋겠지만 사람이 크면 독립하듯이 새끼 샤망들도 언젠가는 부모에게서 독립해야 한다. 수컷이 주로 육아를 담당하는 특이한 동물인 샤망. 샤망 가족의 흥미진진한 육아 일기는 계속될 것이다.

뜨겁게 사랑하고 뜨겁게 싸우다

침팬지 부부

분류학상 사람과에 속하며 사람과 유전자가 99% 일치하는, 유전적으로 인간과 매우 닮은 동물 침팬지. 뇌 또한 인간처럼 발달해 영리하고 사회성도 좋다. 야생에서 평균 수명이 약 36년인 침팬지는 3살이 되면 젖을 떼고 이유 시기를 지나 8~10살에는 사춘기가 온다. 침팬지의 주 서식지는 깊은 숲속이다. 나무를 잘 타서 주로 그 위에서 활동한다. 과일을 주로 먹지만 잡식동물이라 나뭇잎, 줄기 등도 먹고 다람쥐 같은 동물도 먹는다.

영리한 침팬지는 사냥할 때 도구를 사용하는 것으로 유명하다. 개미를 유인하기 위해 나뭇가지에 꿀을 발라 나무 구멍 속에 넣은 뒤, 개미 여러 마리가 달라붙을 때까지 기다렸다가 한꺼번에 잡아

● 도구를 사용해 먹이를 구하는 침팬지.

먹는 모습이 관찰된 적이 있다. 또한 나뭇가지를 뾰족하게 깎아서 나무 구멍 안에 사는 작은 원숭이인 세네갈갈라고를 사냥하는 모습도 보였다. 심지어 나뭇잎을 휴지처럼 사용해서 상처의 피를 닦는 행동도 한다. 침팬지 중에서는 힘이 약한 암컷과 새끼들이 도구를 많이 사용한다. 모자란 힘을 도구로 보충하기 위해서이다. 침팬지 사회에서는 도구 사용법에 대한 학습 및 전파도 이뤄진다. 침팬지 한 마리가 도구를 사용하면 주위의 다른 침팬지들도 사용법을 배운다. 1960~1970년대 영장류학자들이 발견한 침팬지의 이러한 도구 사용 장면은, 인간만이 도구를 사용한다고 믿었던 상식을 뒤흔드는 중대한 과학사적 발견이기도 하다.

침팬지는 20~150마리 정도가 무리 지어 살아가고 위계질서가 확실하다. 수컷이 리더인 부계 중심 사회이며 리더를 중심으로 구성원들이 계급을 이룬다. 이들은 살아가면서 사람처럼 풍부한 얼굴 표정을 짓는다. 다른 동물들은 표정이 한정된 것에 반해 침팬지는 입술 젖히기, 웃기, 입을 굳게 다물기 등 다양하다. 의사소통을 할 때, 풍부한 표정을 사용하고 다양한 발성의 인사를 한다. 친밀감은 주로 '털 고르기'를 통해 표시한다. 털 고르기는 침팬지 외의 다른 원숭잇과에게도 공통으로 나타나는 습성이다. 서로의 털을 골라서 벼룩이나 이와 같은 기생충을 제거하면서 가지런하게 정리해 준다. 침팬지는 가족이나 다른 무리 구성원들과 우호적인 관계를 형성하기 위해 털 고르기에 많은 시간을 투자한다.

침팬지는 자신의 무리 세력을 확장하고 다른 무리를 몰아내기 위해 종종 '전쟁'을 한다. 단순한 싸움이 아니라 인간의 전쟁처럼 조직적으로 오랜 기간에 걸쳐 싸운다. 수컷 침팬지들이 앞장서서 정찰, 매복, 기습 등의 방법으로 다른 무리의 수컷을 폭행한다. 심지어 공격하는 무리의 새끼 침팬지들을 잡아먹기까지 한다. 이러한 침팬지의 행동을 보면, 어쩌면 인간의 전쟁에 대한 본능이 500만~600만 년 전 침팬지와 인간의 공통 조상에서부터 기원한 것일지도 모른다는 생각이 든다.

야생에서는 대규모 무리로 살아가는 침팬지와 다르게 동물원의 침팬지는 적은 수로 무리를 이룰 수밖에 없다. 동물원의 침팬지는 수가 적으니까 사이좋게 살 거라고 생각할 수도 있겠지만, 역시 다른 무리라고 인식하면 격렬하게 싸운다. 따라서 다른 동물원의 침팬지가 들어올 때 기존의 침팬지와 합사하기가 힘들다.

침팬지의 영리함은 동물원의 사육사나 수의사들을 곤혹스럽게 할 때도 있다. 동물들도 건강검진을 하는데 이 때문에 마취가 필요하다. 대부분의 동물은 주사를 맞기 싫어서 요리 피하고 조리 피하기는 한다. 침팬지 역시 심하게 반항한다. 한번은 바닥에 있던 수건을 오줌에 적셔서 빙빙 돌리기 시작했다. 오줌이 이리저리 튀었고 사육사와 수의사의 옷은 얼룩져 갔다. 침팬지의 공격에 사육사와 수의사들은 피하기 바빴다. 한술 더 떠서 침팬지는 바닥에 떨어뜨린 마취 주사기를 집어 들고 사람에게 던졌다. 보통 침팬지는 친한 사육사는 공격하지 않지만, 가끔 들르는 수의사나 낯선 사람에게는 입에 머금고 있던 물을 뿜어 공격하는 경우도 있다. 특히 아픈 주사를 놓고, 치료를 위해 몸을 붙잡는 수의사를 적으로 인식하는 경우가 많다. 수의사가 옷을 바꿔 입고 관람객 사이에 섞여 있어도 침팬지는 얼굴을 기억하고 피하니 얼마나 영리한가.

사회성이 강한 침팬지이기에 동물원에서 다른 침팬지와 합사하지 않고 혼자 두면 스트레스를 받아 정형행동(틀에 박힌 것처럼 반복적인 행동) 등 이상을 보일 가능성 높다. 따라서 AZA(Association of Zoo & Aquarium, 미국 동물원 수족관 협회)에서는 침팬지를 홀로 사육하지 말 것을 권장한다.

근무하던 동물원에 나이 많은 침팬지 부부인 '판치'와 '판순이'가 살았다. 둘은 서로 의지하며 20년 넘게 함께 지냈다. 둘 사이에 자식은 없었지만 그래도 늘 사이가 좋았다. 이 침팬지 부부의 행동을 보면 정말 사람과 비슷하다. 둘은 보통 잘 지내지만 한 번 싸우면 크게 싸운다. 주로 수컷인 판치가 암컷인 판순이를 때려 다치게 만드는 경우가 많다. 어느 날, 판치가 판순이를 심하게 공격해서 항문 주위가 찢어진 적이 있다. 항문 주위는 상처가 오염될 확률이 높아 얼른 마취하고 상처를 소독하고 봉합해야 한다. 치료를 위해 판치는 다른 칸으로 분리했다. 이때 블로파이프(Blowpipe)라는 기구를 이용해 마취를 시키려 조준하자 판순이가 흥분하며 소리를 지르기 시작했다. 다른 칸에 있던 판치는 아내가 위기에 처했다고 생각해 문을

● 침팬지 부부 판순이(왼쪽)와 판치(오른쪽).

쾅쾅 두드리며 판순이를 지키려고 했다. 그런 판치의 행동을 보며 '자기가 다치게 했으면서 이제 와서 판순이를 보호하려 하다니'라는 생각이 들기도 했다. 우여곡절 끝에 마취에 성공했고 상처 부위도 세척하고 봉합했다. 2주 뒤, 상처는 다행히 염증 없이 깨끗하게 아물었다.

이후 위기를 함께 겪은 침팬지 부부는 더욱 끈끈해졌다. 다정하게 털을 고르는 모습도 이전보다 자주 보이고 싸우지도 않는다. "부부 싸움은 칼로 물 베기"라는 속담처럼 잘 화해한 듯하다. 이처럼 사회성은 물론 도구 사용까지 인간과 비슷한 침팬지. 이들의 발자취는 인간에게 항상 놀라움을 준다.

뜨겁게 사랑하고 뜨겁게 싸우다

사람이 키운 동물은 무엇이 다를까?

침팬지 오누이

사람들은 흔히 동물원에서 동물들이 사육사를 부모처럼 따르는 모습을 보면 귀여워하기도 하고 부러워하기도 한다. 앞서 나온 인공 포육을 경험한 새끼는 사육사를 마치 부모처럼 잘 따른다. 미디어에서도 귀여운 아기 동물이 나오는 인공 포육 장면이 자주 등장한다.

그러나 귀여움과 별개로 인공 포육 과정은 결코 쉽지 않다. 새끼들은 처음에는 2~3시간마다 한 번, 그 뒤로는 4~5시간마다 한 번씩 분유를 먹어야 한다. 사육사는 밤에도 자지 못하고 어린 동물을 돌본다. 이렇게 밤새 돌봐도 면역력이 약한 상태의 동물들은 쉽게 병이 난다. 분유가 잘못해서 기도로 넘어가면 오연성 폐렴이나 장

● 사람이 키운 침팬지 이야기에서 시작되는 영화 〈혹성탈출〉의 한 장면.

염이 생기기 쉽다. 분유를 먹는 시기가 끝나고 이유식을 시작하면 그제야 사육사들은 한숨 놓는다. 이때부터는 더 이상 밤을 새우며 먹이지 않아도 된다.

인공 포육을 경험한 동물은 마치 자신을 사람처럼 여기고 사람에 대한 공격성이 많이 사라진다. 사람을 잘 따르면 사육하는 데 편하고 좋을 것 같지만 큰 부작용이 있다. 사람만 따르고 동족과는 잘 어울리지 못한다는 점이다. 아기 동물들은 크면서 부모나 형제를 보며 종 고유의 습성과 행동을 배운다. 그러나 인공 포육으로 자란 동물들은 같은 종과 의사소통할 기회가 적다. 따라서 무리에 합류하기가 매우 어렵다.

사람이 키운 동물은 무엇이 다를까?

● 사회성이 뛰어난 침팬지는 혼자 두면 이상행동을 하는 경우가 많다.

그렇다고 야생동물이 사람과 평생 친밀하게 지내기도 힘들다. 어릴 때는 사람의 힘으로 동물을 제어할 수 있지만, 커서 공격성이 나타나고 힘이 세지면 위험하기 때문이다. 인공 포육으로 아무리 순화되어도 동물은 화가 나면 사람을 공격할 가능성이 분명히 있다. 또한 인공 포육으로 자란 동물은 발정기가 되면 동성의 사람을 경쟁자로 여긴다. 암컷을 차지하기 위해 본능적으로 같은 종이 아닌 사람을 공격하기도 한다.

침팬지처럼 사람과 비슷한 동물은 이런 부작용이 더욱 크다. 내가 근무했던 동물원에서도 인공 포육을 한 침팬지가 있었다. 어미 침팬지가 새끼를 낳았지만 젖이 나오지 않아서 어쩔 수 없이 둘을 떼어 놓았다. 새끼 침팬지는 사육사들이 인공 포육을 통해 돌봤다. 새끼는 사육사들을 부모처럼 따랐고 사육사들도 어린 침팬지 손을 잡고 동물원 밖으로 산책을 가는 등 지극정성으로 돌봤다. 이 장면이 방송에 나가자 새끼 침팬지는 동물원의 인기스타가 됐다. 그리고 무럭무럭 건강하게 자랐다. 그러다 너무 커버려서 사육사들의 힘으로 감당이 되지 않자 우리에 혼자 남게 됐다.

침팬지는 무리 안에서 강한 유대감을 가지고 생활하는 사회성 좋은 동물이다. 그래서 다른 무리의 침팬지는 배척한다. 이런 상황에서 인공 포육으로 자라서 침팬지의 언어조차 잘 통하지 않는 침팬지를 무리에 받아들일 가능성은 희박했다. 다른 침팬지 무리와 합사하면 십중팔구 공격당한다. 마침 인공 포육을 한 침팬지에게 여동생이 있었다. 어미 침팬지가 다시 새끼를 낳았는데 또 돌보지 않아서 인공 포육으로 길렀다. 여동생의 경우는 비슷한 나이의 인공 포육을 하는 새끼 오랑우탄이 있어서 둘은 함께 자랐다.

그러면 인공 포육으로 자란 여동생과 오빠가 함께 지내면 되지 않을까? 안타깝게도 둘은 한동안 함께 지내지 못했다. 여동생의 나이가 너무 어려서 오빠가 공격하면 크게 다칠 위험이 컸다. 여동생이 큰 후에는 근친교배 가능성 때문에 합사하기 어려운 상황이었다. 여동생은 그나마 오랑우탄이랑 함께 자랐지만 혼자 지내는 오빠는 점점 이상행동을 하기 시작했다. 사회성이 뛰어난 침팬지는 혼자 두면 이상행동을 하는 경우가 많다. 오빠 침팬지는 자기 팔을 이빨로 무는 자해 행동을 하고 스스로 털을 뽑아서 만성 탈모가 되었다. 침팬지는 서로 털 고르기를 하는데 혼자라서 불가능하니 자신의 털을 뽑는 것이다. 사육사가 놀아 주러 오면 사육사 팔의 털을 자주 골라 주었다. 사육사가 우리 밖에서 자주 함께하려고 노력했지만, 다른 동물들도 돌봐야 하니 아무래도 한계가 있었다. 혼자 남은 오빠 침팬지는 점점 더 사람의 관심을 갈구하며 이상한 행동을 했다. 사람들이 자신을 보고 있다가 다른 동물에게 관심을 가지면 화를 내면서 입에 물을 가득 머금고 뿜어 대거나 소리를 질렀다.

이대로 계속 오빠 침팬지를 홀로 두면 온몸의 털을 모두 뽑아 버리고, 사육사를 공격할지도 몰랐다. 그래서 침팬지의 심리적 안정을 위해서 여동생과 합사하기로 했다. 여동생도 오랑우탄과 함께 있었지만 둘이 커가면서 점점 덩치 차가 났다. 오랑우탄 성체의 체중은 암컷은 90kg, 수컷은 120kg가 넘고 침팬지는 체중이 50~70kg 정도밖에 안 된다. 어렸을 때는 크기가 비슷해서 민첩하고 날쌘 여동생 침팬지가 자주 오랑우탄의 먹이를 빼앗거나 괴롭혔다. 그러나 점점 덩치가 커지면서 오랑우탄이 여동생 침팬지를 공격하고는 했다. 사실 여동생 침팬지가 먼저 오랑우탄에게 장난을 치다 맞는 경우가 많았지만 덩치 차이 때문에 위험했다.

여동생과 오빠 침팬지를 합사해서 조금이라도 덜 외롭고 안전하게 생활하도록 해야 했다. 둘의 근친 위험을 막기 위해서 '임플라논'이라는 호르몬제를 여동생 침팬지에게 이식해 임신을 막는 시술을 했다. 임플라논은 한 번 이식하면 약 3년간 불임 효과가 있고 이식한 호르몬제를 제거하면 다시 임신할 수 있다. 영구적인 불임 수술을 하는 방법도 있지만 배를 열어야 하는 수술로 통증이 심하기 때문에 선택하지 않았다. 무사히 이식이 끝나고 합사를 시도했다. 혹시나 오빠와 여동생이 싸울까 봐 동물진료팀이 마취제를 준비하고 기다렸다. 둘 사이를 가로막은 문을 열자 오빠 침팬지가 호기롭게 여동생 침팬지 쪽으로 갔다. 오빠와 여동생은 우리 사이로 계속 얼굴을 익히기는 했지만 함께 지내는 것은 처음이었기에 지켜보는 사육사와 수의사들에게는 긴장이 흘렀다.

오빠가 다가오자 여동생은 킁킁 냄새를 맡기 시작했다. 오빠가 공격하지는 않을까 걱정했지만 다행히 여동생의 냄새를 맡으며 친밀감을 표시했다. 합사는 큰 탈 없이 무사히 진행됐다. 그런데 뜻밖에 문제가 있었는데, 서로 별 관심이 없다는 것이었다. 사실 사람들

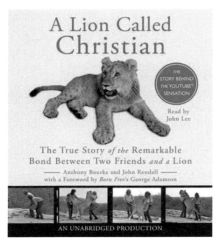

● '사자 크리스티앙'은 책으로도 나왔다.

은 '오빠와 여동생이니 감동적인 만남이 되지 않을까?'라고 내심 기대했다. 아주 친해지지는 않더라도 적어도 서로 털을 골라 주지 않을까 생각했지만 그런 다정한 모습은 없었다. 둘은 다투지도 않았지만 서로를 동족으로 여기지도 않는 듯했다. 조금 더 시간이 필요해 보였다. 다행히 시간이 지남에 따라 점점 서로 의지하는 모습이 보였고 오빠 침팬지의 이상행동도 줄어들었다.

일반인 남성 둘이 집에서 사자를 기르다 아프리카 케냐의 국립공원으로 돌려보냈고, 이후 1년 만에 만나 감동적인 포옹을 하는 동영상이 화제를 모은 적이 있다. 유튜브 '사자 크리스티앙(Christian the Lion)'이라는 콘텐츠다.

1969년, 주인은 영국 런던의 백화점에서 판매 중인 새끼 사자 크리스티앙을 구입해 기르다가 동물보호가의 도움으로 아프리카로 돌려보낸다. 1년 후에 찾아간 주인을 보자 크리스티앙은 조금의 망설임도 없이 이들을 끌어안았다. 이 재회는 당시 다큐멘터리로 기록되었다가 2008년 유튜브에 공개됐다.

그러나 이런 감동적인 이야기는 흔한 일이 아니다. 실제로 인간과 야생동물은 친구가 되기 어렵다. 그래서 동물원이나 야생동물 구조 센터 근무자들은 최대한 인공 포육을 피하고, 야생동물 고유의 습성을 따라 무리에 어울려 살 수 있도록 노력하고 있다. 관심과 사랑은 주되 사람과는 적당한 거리 두기가 필요한 이유다.

사람이 키운 동물은 무엇이 다를까?

선물을 주면 날 좋아해 줄래?

수컷 코뿔새

거대한 부리와 그 위에 마치 코뿔소처럼 뿔이 달린 독특한 생김새의 코뿔새는 동남아시아와 아프리카에 서식한다. 동남아시아에 서식하는 쪽은 주로 나무에서 살고, 아프리카에 서식하는 쪽은 사바나 초원에 살아서 '땅코뿔새'라고도 불린다. 애니메이션 〈라이온 킹〉에 나오는 왕의 최측근 새 '자주'는 '붉은부리코뿔새'다. 코뿔새는 주로 과일, 작은 파충류, 포유류, 새 등을 먹는 잡식성이다. 큰 부리 때문에 먹이를 잘게 쪼개 먹기 힘들어서 먹이를 공중에 던져 커다란 부리로 받아 먹는다.

코뿔새는 서식지 파괴와 남획으로 멸종 위기에 처해 있다. 특이

● 〈라이언 킹〉에 나오는 붉은부리코뿔새 자주.

한 모양의 부리 때문에 인기가 많은데, 특히 '긴꼬리코뿔새'의 부리
로 가공품을 만들면 매우 아름다워서 가격이 코끼리 상아의 3배나
된다. 사람들은 욕심을 채우기 위해 마구잡이로 코뿔새를 잡았다.
코뿔새의 독특한 육아 방식 역시 멸종 위기를 초래한 이유 중 하나
다. 코뿔새는 일부일처로 평생 짝을 지어 살아간다. 따라서 암컷과
수컷 간의 신뢰가 상당히 중요하다. 나무에 사는 코뿔새는 암컷이
나무 구멍에 들어가 깃털로 둥지를 만들고 알을 낳으면 수컷이 진
흙으로 그 구멍을 메운다. 가두려는 것이 아니라 뱀과 같은 천적으
로부터 가족을 보호하기 위해서다. 수컷이 먹이를 갖다 주면 암컷
은 새끼 양육에 전념한다. 새끼는 보통 한두 마리를 부화시켜 지극

목주머니가 파란 암컷과 색이 섞인 수컷.

정성으로 돌본다. 만약 수컷이 죽으면 암컷과 새끼는 모두 굶어 죽는다. 따라서 사람이 수컷 코뿔새 한 마리를 잡으면 코뿔새 세 마리 또는 네 마리가 죽는 것이다. 암컷 코뿔새는 새끼를 2~3개월 정도 키우면 구멍 밖으로 나오고 새끼 역시 독립한다.

아프리카 모호로호로 야생동물 구조 센터에서 봉사활동을 할 때의 일이다. 센터에서 홀로 지내는 수컷 남부땅코뿔새를 본 적이 있다. 아프리카지역에 서식하는 코뿔새 중에서 가장 큰 새이다. 남부땅코뿔새의 성별은 목의 피부색을 보고 알 수 있는데 암컷은 짙은 파란색, 수컷은 파란색과 붉은색이 섞여 있다. 목 피부는 마치 주머니처럼 부푸는데 여기에서 나는 낮게 울리는 소리는 최대 3km 밖 멀리까지 들릴 정도다. 구조 센터 측은 홀로 있던 이 수컷 코뿔새와 여러 암컷의 합사를 시도했다. 그러나 뭐가 마음에 안 드는지 수컷 코뿔새는 암컷을 공격하거나 심지어 죽이기까지 했다. 자신의 짝이 될 암컷을 상당히 까다롭게 골랐다. 어느 날, 수컷 코뿔새 새장을 청소하고 있을 때였다. 코뿔새가 나를 피하지 않고 오히려 부리로 돌을 물어다 줘서 '재미있는 새구나'라고 생각했다. 그런데 가만 보니 여성 봉사자들에게 돌아가며 돌을 물어다 주는 게 아닌가. 알고 보니 남부땅코뿔새는 수컷이 암컷에게 멋진 돌을 갖다 주며 구애하는 습성이 있었다. 수컷 코뿔새는 동족이 아닌 인간을 사랑한 것이다. 이 마음을 알게 된 뒤 '어떻게 받아들여야 하나?'라는 고민에 빠졌다.

사실 이 수컷 코뿔새는 새끼 때 구조되어 사람이 주로 키웠다. 조류의 경우 어린 개체를 키우면 키운 사람을 어미로 생각하고 계속 졸졸 따라다니는 각인 현상이 일어난다. 각인은 학습의 일종으로 태어난 뒤 일정 시간 안에 접한 대상을 어미로 여기고 따르는 현상을 뜻한다. 각인 현상이 일어나는 기간은 조류의 종류마다 다른데 최대 생후 50일까지 일어날 수 있다고 알려져 있다. 이 수컷 코뿔새는 어릴 때 사람에게 구조되어 각인이 일어나 자신을 사람으로 여겼다. 그래서 사람 여성을 자신의 짝으로 얻기를 바란 것이다. 남성 봉사자는 적이라고 여기는지 공격하기도 했다.

남부땅코뿔새 역시 서식지 파괴와 밀렵으로 극심한 멸종 위기에 처해 있다. 특히 아프리카의 일부 부족은 이 새를 죽음의 상징으로 여겨서 보기만 하면 없애려고 한다. 그런데 이렇게 겨우 보존한 구조 센터의 코뿔새가 짝을 못 찾고 있으니 안타까운 일이다. 동물의 세계에서는 코뿔새의 경우처럼 이루어질 수 없는 사랑을 하는 경우가 종종 있다. 이런 때 '진정한 사랑이란 무엇일까?'라는 의문이 든다. 흔히 사랑이란 같은 종끼리 또는 이성끼리 하는 것이라고 생각한다. 그러나 세상에는 다양한 형태의 사랑이 있음을 코뿔새를 통해 배울 수 있다.

● 여성 자원봉사자의 등에 올라타 깃털(?) 고르기를 하며 애정 표현을 하는 남부땅코뿔새.

선물을 주면 날 좋아해 줄래?

살 곳이 사라진 동물들은 어떻게 될까?

서식지 파괴 이후

　야생동물의 멸종 속도는 동물을 보호하려는 사람들의 노력에도 불구하고 점점 빨라지고 있다. 세계자연기금에 따르면 1970년 이후 50년간 전 세계 야생동물의 3분의 2가 감소했다고 한다. 주요 원인 중 하나가 바로 서식지 파괴이다. 인간의 편의를 위한 개발로 나무나 푸른 초원 같은 야생동물들의 보금자리와 먹이가 사라지고 있다.

　간혹 개발을 하면서 야생동물이 서식할 만할 숲을 일부 남겨 두는 경우도 있지만, 일단 인공 구조물들이 생기면 '서식지 파편화'라는 문제점이 남는다. 서식지 파편화란, 먹이를 찾기 위해 고유의 영역이 필요한 야생동물의 서식지가 단절되는 현상을 의미한다. 특히 도로가 생겼을 때 야생동물은 원래의 영역을 유지하거나 먹이를 찾기 위해서 길을 건널 수밖에 없다. 그러다 많은 야생동물들은 달리는 차에 치여 로드킬(Road

● 양쯔강 철갑상어.

kill, 동물이 도로를 건너다 차 등에 치여 죽는 사고)을 당할 위험이 크다. 결국 야생동물 서식지 면적 감소는 야생동물을 고립시키며 먹이 찾기, 이동, 번식 등과 같은 활동을 제한하고 개체 수를 유지하기 힘들게 한다.

아직 개발이 안 된 곳도 많으니 야생동물의 서식지가 많이 남아 있을 거라고 생각할 수도 있다. 그러나 아마존 열대우림과 같은 곳들도 대부분 밀렵, 외래종 유입, 개발 등으로 이미 온전한 서식지가 드물다. 2021년, 영국의 세계조류보호조직 '버드라이프 인터내셔널' 과학자들의 연구에 따르면 야생동물이 사람의 간섭을 받지 않고 생활할 수 있는 온전한 생태계는 지구의 3%에 불과하다고 한다. 안타까운 점은 일부 과학

살 곳이 사라진 동물들은 어떻게 될까?

● 엄마 등에 업힌 아기 코알라.

자들은 이 연구 결과마저 과대 평가라고 생각한다는 점이다.

중국 양쯔강 철갑상어는 댐 공사로 인해 1982년 이후 개체 수가 급격하게 감소했다. 결국 2020년에 더 이상 관찰되지 않아 중국 정부에서 멸종을 선언했다. 댐 공사는 단순히 철갑상어의 이동만 방해한 것이 아니다. 댐에 설치된 수력발전소와 배수구로 인해 강의 수온이 급격하게 올라갔다. 이로 인해 철갑상어는 정상적인 번식과 산란이 불가능해졌고 결국 멸종에 이르렀다. 양쯔강 철갑상어는 철갑상어과에서 유전적으로 가장 오래된 종이었으며 적어도 140만 년 동안 양쯔강에서 살아왔다.

호주를 상징하는 대표적인 동물인 코알라도 극심한 멸종 위기에 처해 있다. 2019년 호주에 발생했던 대형 산불이 원인이다. 이 산불은 지구온난화와 관련이 있다. 지구온난화로 점점 더 건조해진 호주 대륙은 산불이 번지기 매우 좋은 환경이 됐다. 특히 코알라가 주로 먹는 유칼립투스 나뭇잎은 오일 함량이 많아 불이 잘 붙는다. 산불이 시작되자 코알라 서식지의 24%가 줄어들었다. 설상가상으로 코알라의 불임을 유발하는 전염병까지 돌았다. 호주 의회에서 발표한 보고서에 따르면 현재 속도로 코알라들의 개체 수가 줄어들면 2050년에는 멸종할 수도 있다고 한다. 이런 상황이라 코알라를 더욱 보호해야 하지만 증가하고 있는 산림 벌채 산업으로 인해 코알라의 서식지는 점점 더 줄어들고 있다.

우리나라 야생동물의 상황도 비슷하다. 한때 처마 밑에 둥지를 틀며 흔하게 보이던 제비는 이제 찾아보기 어렵다. 아파트나 빌딩 같은 개발로 인해 제비들은 둥지를 틀 공간을 잃었고 먹이를 찾을 농경지나 숲 또한 줄었다. 2022년 최창용 서울대 산림과학부 교수의 발표에 따르면, 1987년 이후로 18년 동안 관찰되는 제비의 수가 100분의 1로 줄었다고 한다.

전래동화 〈흥부와 놀부〉에서 흥부가 다리를 고쳐 주자 보답했던 제비. 예로부터 우리 민족과 친숙한 동물인 제비를 멀지 않은 미래에는 우리나라에서 볼 수 없게 될지도 모른다. 제비뿐만 아니라 1990년대까지만 해도 수천 마리가 무리 지어 날아다니던 맹금류인 솔개도 멸종 위기 야생생물 2급으로 지정되었다. 국내의 멸종 위기 야생생물 목록은 2007년 221종에서 2022년 282종으로 15년 동안 61종이 증가했다.

야생동물의 서식지 파괴는 인간에게도 영향을 미친다. 원래 야생동물의 서식지였던 곳에 사람이 살게 되면서 마주치는 일이 잦아졌다. 브라질의 경우 도심 개발로 인해 야생동물

● 처마 아래의 제비들.

의 서식지 파괴가 급격하게 증가하고 있는 곳이다. 출근길에 거리 한복판에서 카이만악어가 돌아다녀 지역 언론에 소개되기도 했다. 악어뿐만 아니라 원숭이, 뱀 등 각종 야생동물이 민가에서 발견되고 있다. 아프리카에서도 야생동물과 인간의 생활 반경이 겹치며 갈등이 일어난다. 아프리카 대륙 동부의 탄자니아에서는 가뭄으로 인해 굶주림을 참지 못한 코끼리 떼가 마을을 습격해 농작물을 탈취하고 수도관을 파괴했다. 이에 마을 사람들은 코끼리를 쫓아낸다며 절벽 위로 몰아냈고 6마리의 코끼리가 떨어져 죽었다.

이처럼 서식지를 두고 싸우는 생존 경쟁 외에도 야생동물과 사람의 접촉은 전염병 전파 우려도 있어서 위험하다. 사람

살 곳이 사라진 동물들은 어떻게 될까?

과 동물이 모두 감염되는 인수공통전염병은 야생동물로부터 사람으로 전파되는 경우가 많다. 대표적으로 코로나바이러스가 있다. 코로나바이러스는 원래 박쥐가 종숙주인데 박쥐를 잡아먹은 사향고양이에게 옮겨졌고, 이를 사냥한 사람 또한 옮으며 퍼진 질병이 바로 사스(SARS, Severe Acute Respiratory Syndrome 급성호흡기증후군)이다. 그리고 최근에 유행한 신종 코로나바이러스(COVID19, Corona Virus Disease 2019)는 박쥐에서 천산갑 또는 너구리로 바이러스가 전파된 사례다. 마찬가지로 야생동물을 포획한 사람이 감염돼 세계적으로 퍼졌다. 이 외에도 야생동물이 사람에게 퍼트릴 수 있는 질병은 광견병, 조류독감 등 다양하다. 결국 야생동물의 서식지 파괴로 사람과 가까이 접촉하면 서로에게 좋을 것이 없다.

빽빽하게 들어선 고층 빌딩이 가득한 도시를 바라보면 여러 가지 생각이 든다. 도시는 사람에게 편리한 생활을 제공한다. 그러나 우리가 편하게 지내는 공간이 넓어질수록 야생동물이 지낼 땅은 좁아지고 있다는 사실을 잊어서는 안 된다. 이들의 서식지 파괴는 동물의 멸종뿐만 아니라 인간에게도 재앙으로 돌아올 수 있는 무서운 행위다. 무조건적인 개발이 아닌 야생동물과 공존할 수 있는 친환경적인 개발에 대해 계속 고민해야 하는 이유다.

지구온난화는 동물들에게
어떤 영향을 줄까?

우리가 할 수 있는 일들

　과도한 이산화탄소 배출로 인해 지구가 뜨거워지는 '지구온난화'는 사람도 괴롭지만 야생동물에게 더 타격이 더 크다. 지구의 온도가 오르면 먼저 남극과 북극지방의 빙하가 녹아 해수면 높이가 상승한다. 해수면의 온도와 높이 변화로 지역의 기후가 바뀌면 집중호우, 폭염, 가뭄, 폭설 등 이상기후가 나타난다. 급격한 기후 변화는 산불 등으로 서식지 파괴와 먹이 환경 변화를 유발해 동물들이 적응하기가 어렵게 만든다. 2010년에 발표된 유엔 생물다양성협약 보고서에 따르면 기후 변화로 1970~2006년 사이에 지구 생물 종의 약 31%가 사라졌다고 한다. 매년 25,000~50,000종의 생물이 멸종한 셈이다.

　추운 지방에 사는 북극곰에게는 특히 지구온난화가 치명적

● 북극곰과 회색곰의 잡종인 피즐리곰.

인 위협이다. 북극곰은 주로 얼음을 이용해 사냥한다. 빙하의 구멍으로 잠시 숨을 쉬러 나온 물범이나 물개 같은 해양 포유류를 공격해 잡아먹는 사냥 전략을 펼친다. 물론 헤엄도 잘 치지만 물속에서는 유선형의 몸체에 지느러미까지 달린 해양 포유류를 쫓아가기는 힘들다. 그래서 이들이 느려지는 얼음 위나 물 밖을 노려서 사냥한다. 하얀 얼음 위에서 잘 보이지 않도록 털도 흰색으로 진화했다. 그런데 지구온난화로 빙하가 녹으면서 북극곰이나 해양 포유류들이 오를 얼음이 부족해졌다. 얼음이 아닌 땅 위에서 북극곰의 존재는 너무 눈에 띄고, 해양 포유류들도 물 밖으로 나오는 일이 줄었다.

먹이가 부족해진 북극곰은 점점 더 민가로 내려와 지역 주

민과 갈등을 빚고 있다. 극지방인 알래스카에서는 북극곰이 주택가의 개를 공격하는 경우도 있고, 종종 사람에게도 덤벼들어 이를 쫓기 위한 총이 필수가 되었다.

최근에는 지구온난화의 여파로 북극곰과 회색곰의 잡종인 피즐리(Pizzly)곰이 탄생하기도 했다. 극지방에서 서식하는 북극곰은 먹이가 부족해 점점 북쪽에서 남쪽으로 내려오고 북미와 유럽, 북아시아에서 서식하는 회색곰은 날씨가 따뜻해져서 북쪽으로 먹이를 찾으러 올라온다. 따라서 지구온난화 전에는 서식지가 겹치지 않았던 북극곰과 회색곰이 만나 자연적으로 짝짓기를 하는 경우가 생겼다. 피즐리곰은 북극곰과 회색곰의 장점을 모두 갖고 있어서 북극곰처럼 거대한 덩치를 가지면서 따뜻한 기후에도 서식하기 적합하다. 피즐리곰의 출현은 지구온난화에서 살아남기 위한 북극곰과 회색곰의 몸부림일 수도 있다. 그러나 잡종이 생기면서 순수 북극곰의 개체 수는 더욱 줄어들 것으로 예측된다. 북극곰보호단체 '북극곰 인터내셔널'에 따르면 "북극곰이 80년 이내에 멸종될 것"이라고 한다.

북극곰과 반대로 더운 지역에 사는 야생동물들 또한 지구온난화로 인한 '사막화'로 고통받고 있다. 사막화란 건조, 가뭄, 지표면의 수분 증발 등으로 인해 식물이 자라기 어려운 건

● 유유히 헤엄치는 바다거북.

조한 지역으로 변하는 과정을 뜻한다. 이렇게 되면 동물들은 먹이를 찾기 어려워지고 결국 멸종 위험성이 증가한다. 건조해진 기후에서는 산불도 자주 발생해 서식지 파괴도 빈번하게 일어난다.

알의 부화 온도에 따라 성별이 달라지는 파충류도 지구온난화로 인한 직격탄을 맞고 있다. 유전자형에 따라 성별이 결정되는 파충류도 있지만 악어, 거북이, 뱀 등 대부분의 파충류는 알이 부화할 때 온도가 성별 결정에 영향을 준다. 예를 들어, 악어의 일부 종은 부화 온도가 31℃ 이상이면 암컷, 30℃ 이하면 수컷으로 태어난다. 거북이 일부 종은 부화 온도가 28℃ 이하일 때 수컷, 31℃ 이상일 때 암컷으로 태어난다. 노랑

뱀의 경우 부화 온도가 26℃ 이하일 때 수컷, 28℃ 이상일 때 암컷이 태어난다. 이렇게 대부분의 파충류는 온도가 낮으면 수컷, 높으면 암컷으로 태어나는 경향이 있다. 그런데 지구온난화로 온도가 점점 올라가니 암컷이 태어날 확률만 높아져서 극심한 성비 불균형을 유발한다.

특히 바다거북의 경우 2019년, 미국 애틀랜틱 대학 연구진은 플로리다 해변에서 태어나는 바다거북의 최소 90% 이상이 암컷이라는 조사 결과를 내놓기도 했다. 그래서 이들의 멸종을 막기 위해 사람들은 바다거북의 알을 수거해 시원한 곳에 묻는 프로젝트를 시행하기도 했다. 그러나 이렇게 하는 부화에는 한계가 있다. 사람이 들어갈 수 있는 바다도 제한적이지만, 지구온난화가 가속되면서 알을 옮겨 묻을 시원한 곳도 더욱 줄어들고 있다.

그렇다면 지구온난화의 원인은 구체적으로 무엇일까? 석탄, 석유, 천연가스와 같은 화석연료를 사용할 때 나오는 이산화탄소, 메탄과 같은 온실가스 배출이 가장 큰 원인이다. 여기에 산림 벌채나 산불로 인한 나무 부족으로 이산화탄소 흡수량이 감소되는 것도 원인 중 하나다.

지구온난화를 줄이기 위해서는 먼저 온실가스 배출을 억제해야 한다. 화석연료 사용을 줄이고 수력·태양 에너지 등 재생에너지를 사용해야 한다. 가까운 곳은 승용차보다 대중교통을 이용해서 이동하거나, 가정이나 회사에서도 에너지 고효율 전기 제품을 사용해 에너지를 절약하는 것도 방법이다. 또한 연구자들은 탄소 저장 및 회수 기술을 적극 개발해 이산화탄소를 대기 중에서 제거하고 저장할 수 있도록 발전시켜야 한다. 이런 일을 나무와 식물이 대신해 주기도 한다. 그들은 이산화탄소를 대기 중에서 고정하는 천연 이산화탄소 제거제이다. 식물이 이산화탄소를 흡수하고 신선한 산소를 생성할 수 있도록 산림을 보호하고 식물을 심는 녹화사업을 증가하는 것도 지구온난화의 속도를 늦추는 방법이다. 지구온난화는 한 나라만의 문제가 아니라 전 지구적인 문제이기 때문에 국제적으로도 긴밀한 협조가 필요하다.

3장
사회생활 : 질서를 유지하며 공동생활을 하는 동물들

서열이 높은 수컷에게만 주어지는 망토

망토개코원숭이

어깨에 달린 은빛 갈기가 마치 망토를 두른 것처럼 길어서 이름 붙여진 '망토개코원숭이'는 개코원숭이의 일종이다. 개코원숭이는 크게 올리브개코원숭이와 망토개코원숭이 두 종으로 나뉜다. 망토개코원숭이는 간단하게 '망토원숭이'라고도 불린다. 망토원숭이는 100여 마리가 거대한 무리를 지어 생활하며, 수컷이 중심인 부계 사회를 이룬다. 암컷들은 수컷 우두머리를 중심으로 털을 손질해 주며 비위를 맞춘다. 수컷 우두머리는 무리의 암컷들과 교미할 수 있는 권한이 있다. 그러나 우두머리만 짝짓기를 할 수 있는 것은 아니다.

망토원숭이 무리는 소규모 무리로 다시 나뉘고, 작은 무리 안에서 수컷 1마리당 암컷 5마리 정도가 짝을 이룬다. 그래서 큰 무리

지구온난화는 동물들에게 어떤 영향을 줄까?

● 망토가 발달한 수컷 망토원숭이.

안에 일인자, 이인자, 삼인자 등이 있는 계층적인 사회구조를 이룬다. 이름은 망토원숭이지만 풍성하고 멋진 망토가 모두에게 달리는 건 아니다. 망토는 수컷만 발달하는데 수컷 중에서도 우두머리만 멋지고 풍성한 망토의 주인이 될 수 있다. 신기하게도 서열이 떨어질수록 망토가 초라해진다.

우두머리에게 가장 멋진 망토가 있는 이유는 무엇일까? '테스토스테론'이라는 성호르몬 때문이다. 테스토스테론은 수컷에게 주로 분비되는 것으로 특유의 형질을 나타나게 한다. 우두머리 수컷일수록 테스토스테론의 분비가 많고, 이에 따라 수컷 망토원숭이의 고

서열이 높은 수컷에게만 주어지는 망토

유 형질 중 하나인 망토가 잘 발달한다. 우두머리가 테스토스테론이 더 잘 분비되는 이유는 영양 상태 때문이다. 망토원숭이 사회에서는 우두머리가 제일 먼저 먹이를 차지한다. 만약에 우두머리의 먹이를 빼앗아 먹거나 식사를 방해하면 가차 없이 응징당한다. 따라서 우두머리의 영양 상태가 가장 좋을 수밖에 없다. 그러다 보니 성호르몬 분비도 잘되고, 털을 만드는 단백질 등의 영양 성분이 풍부해 풍성하고 결이 좋은 회색빛 망토를 가지게 된다. 재미있게도 우두머리는 스트레스를 받을 때 분비되는 호르몬인 '글루코코르티코이드'의 분비량도 많다. 인간 사회에서도 우두머리는 신경 쓸 것이 많고 골치 아픈 일도 많은 것처럼 말이다.

만약 수컷 망토원숭이가 홀로 지내면 어떻게 될까? 망토원숭이 같은 경우 야생에서 홀로 지내면 다른 동물에게 잡아먹힐 가능성이 높아서 대부분 도태된다. 동물원에서는 종종 동종 간의 싸움 등으로 인해서 홀로 지내야 하는 망토원숭이가 있다. 나이가 많아 우두머리에게 괴롭힘을 받던 망토원숭이 할아버지 '망할이'가 있었다. 망할이는 원래 우두머리였지만 점점 노쇠해지면서 자리에서 쫓겨났고 새로운 우두머리에게 계속 견제와 괴롭힘을 당했다. 설상가상으로 노령 동물에게 잘 생기는 백내장까지 생겨 시력도 많이 약해진 상태였다. 그래서 망할이를 분리해 사육하기로 결정했다. 망할이는 처음에는 혼자 지내는 것이 어색해 보였으나 점차 적응해 나갔다. 먹이를 독차지하고 평화로운 나날을 보냈다. 그러자 신기하게도 우두머리 자리에서 물러난 후 초라해졌던 어깨 망토가 다시 풍성해지기 시작했다. 새로운 우두머리보다 풍성한 망토를 자랑하는 망할이는 지금도 편안한 노후를 보내고 있다.

동물원은 한정된 공간으로 동물을 무한정 수용할 수 없다. 따라서 개체 수가 너무 많은 경우에는 번식을 억제하기 위해 중성화 수술을 하는 경우가 있다. 수컷 망토원숭이의 경우 고환을 모두 제거하는 수술을 하면 테스토스테론이 분비되지 않기 때문에 풍성한 망토가 사라지고 암컷처럼 보이게 된다. 비슷하게 수컷 사자 역시 고환을 제거하면 멋진 갈기가 사라져 버리기 때문에 다소 초라한 모습의 사자가 된다. 또한 수컷 특유의 공격적인 성향이나 영역 방어 본능도 억제된다. 따라서 수컷 특이 형질을 가진 동물들의 중성화 수술을 할 때는 고환을 보존하는 정관절제술을 실시한다. 정자가 나오는 정관만 절제하고 고환이 유지되어 수컷 호르몬은 나오면서도 번식은 억제할 수 있다.

암컷 망토원숭이는 망토 대신 붉고 부푼 쿠션 같은 엉덩이가 있다. "원숭이 엉덩이는 빨개"라는 노래 가사처럼 엉덩이가 매우 빨갛고 부풀어 있다. 특히 발정기 때는 혈관이 발달해 마치 풍선처럼 부푼다. 수컷 망토원숭이는 암컷의 엉덩이가 빨갛고 커다랗게 부풀수록 더 매력을 느낀다. 간혹 암컷의 엉덩이가 너무 울룩불룩하게 부풀었다며 엉덩이에 종양이 생긴 것은 아닌지 문의가 올 때도 있다. 그러나 이런 현상은 자연스러운 것이다. 암컷 망토원숭이의 엉덩이는 암컷 성호르몬인 '에스트로겐' 때문에 부푼다. 사회적 지위가 높

● 멋진 갈기를 뽐내는 수컷 사자.

● 볼의 지방 패드가 돋보이는 수컷 오랑우탄.

● 발정기에 엉덩이가 한껏 부푼 암컷 망토원숭이.

을수록 망토가 발달하는 수컷 망토원숭이와 다르게 암컷 망토원숭이의 엉덩이가 팽창하는 정도는 사회적 지위와 관계가 없다.

사회적 지위에 따라 외모가 발달하는 수컷 동물은 많다. 앞서 잠깐 이야기한 수컷 사자의 경우도 암컷을 많이 거느릴수록 서열이 낮은 사자보다 멋진 갈기가 자란다. 오랑우탄은 건강한 수컷일수록 볼의 지방 패드가 발달한다. 암컷 오랑우탄은 볼의 지방 패드가 발달한 수컷을 더 선호한다.

망토원숭이의 서열과 외모의 상관관계를 보면 일일드라마에서

지구온난화는 동물들에게 어떤 영향을 줄까?

주로 나오는 '권력'과 '미남, 미녀의 사랑'이 떠오른다. 드라마 속에서 사회적 지위가 높거나 돈이 많은 등장인물일수록 명품을 두르며 화려하게 치장한다. 한껏 꾸민 외모로 상대를 유혹하기도 한다. 이런 인간의 본능은 어쩌면 원숭이 시절부터 온 것이 아닐까?

서열이 높은 수컷에게만 주어지는 망토

가장 싸움을 잘하는 여왕을 따른다

미어캣

집단생활을 하는 동물들은 사자나 망토원숭이처럼 주로 수컷이 우두머리가 된다. 그러나 동물에 따라서 암컷 우두머리를 가지는 무리도 있다. 두 다리로 서서 고개를 들고 보초를 서며 적을 감시하는 것으로 유명한 미어캣은 암컷이 우두머리다. 미어캣은 〈라이온 킹〉에서 심바의 단짝으로 나온 '티몬과 품바' 중 티몬으로 유명한 동물이다. 주로 남아프리카에 서식하며 소형 포유류나 뱀, 곤충 등을 잡아먹는다. 몇몇 독사의 독에는 내성이 있어서 잡아먹어도 문제가 없다. 무리 지어 굴속에서 살고 낮에는 굴 밖으로 나와 보초를 서고 사냥하는 주행성(낮에 활동하는 성질을 말하며, 반대말은 야행성) 동물이다.

미어캣은 적게는 20~30마리, 많게는 50마리가 모여서 생활한다. 귀여운 외모와 다르게 공격적이며 싸움도 잘하는데, 암컷끼리 싸워 서열을 정한 뒤 가장 강한 암컷이 우두머리 여왕이 된다. 여왕이 정해지면 엄격한 위계질서를 지킨다. 여왕 아래 서열의 미어캣들은 서로 깊은 유대 관계를 맺는다.

이 사회에서는 여왕만 새끼를 낳을 수 있다. 여왕은 자신이 낳은 새끼 암컷도 번식이 가능한 3살이 되면 자리를 지키기 위해 무리에서 쫓아낸다. 특히 새끼 암컷이 임신을 하면 주저 없이 내쫓는다. 여왕 자리에 위협이 되지 않는다고 판단되는 순종적인 암컷에게는 새끼를 돌보는 유모 역할을 맡긴다. 미어캣 암컷은 임신을 하지 않아도 유선이 발달해 함께 여왕의 새끼에게 젖을 먹이면서 키울 수 있다. 수컷들은 새끼를 지키는 든든한 보호자다.

망토원숭이의 수컷 우두머리가 남성호르몬인 테스토스테론 분비량이 많은 것처럼 암컷인 미어캣 여왕은 여성호르몬인 에스트로겐 분비량이 많을 것으로 생각할 수 있다. 그러나 재미있게도 미어캣 여왕은 테스토스테론의 분비량이 다른 수컷 미어캣보다 2배나 많다. 테스토스테론은 공격성을 높이는데, 다른 개체보다 싸움을 잘하고 강해지기 위해서 분비량이 많은 것으로 추정한다. 반면에 여왕 미어캣의 소화기는 다른 미어캣들보다 더 많은 기생충에 감염돼 있다는 연구 결과가 있다. 테스토스테론이 면역력을 낮춰 감염에 취약해지기 때문이다. 역시 우두머리로 사는 것은 쉬운 일이 아

일어서서 보초를 서는 미어캣.

니다.

　미어캣은 작은 체구와 귀여운 외모와 달리 공격성이 강한 동물이다. 날카로운 이빨로 사정없이 물어뜯는다. 특히 여왕에게 대들면 가차 없이 공격받는다. 이때, 여왕과 일대일로 싸우는 것이 아니라 여왕이 순종적인 미어캣들을 조종해 집단으로 공격한다. 그래서 여왕에게 당하면 죽거나 죽기 직전까지 간다. 포유류 1,024종 중 같은 종족을 가장 많이 죽이는 동물이 미어캣이라는 연구 결과도 있다.

　동물원에서도 자주 싸운다. 싸움의 종류는 크게 두 가지로, 첫 번째는 일인자와 이인자의 싸움이다. 여왕이 되기 위해서 힘을 모은 이인자 암컷이 싸움을 걸어 온다. 그러면 여왕은 목숨을 걸고 싸운다. 대부분의 싸움은 이인자의 패배로 끝난다. 여왕을 도와 함께 싸우는 미어캣이 많기 때문이다. 미어캣들의 싸움 끝에는 반드시 큰 희생이 있기 마련이라 사육사들은 싸우는 것을 발견하면 바로 떼어 놓으려고 한다. 그러나 사육사들도 24시간 내내 미어캣만 관찰할 수 없어서 대부분 중상을 입은 채로 발견된다. 미어캣이 싸워서 다친 모습은 그 잔인함에 오싹할 정도다.

　종종 여왕이 중상을 입고 세대 교체가 되는 경우도 있긴 하다. 그러나 이때 다친 여왕이나 이인자를 치료하는 데 성공해도 문제가 생긴다. 기존 무리에 합사시키기가 매우 어렵기 때문이다. 둘을 다시 만나게 하면 또 싸움이 난다. 그래서 결국 세력 다툼을 경험한 개체는 무리에서 떨어져 나오게 된다.

　미어캣이 싸우는 두 번째는 이유는 무리를 겉도는 개체가 생겼을 때다. 여왕에게 직접 대들지 않아도 여왕의 마음에 들지 않아 집단으로 괴롭힘을 당하는 개체가 꼭 한 마리씩 생긴다. 보통 약하고 힘이 없는 경우가 많다. 아마 본능적으로 무리를 유지하는 데 도움이 되지 않는다고 생각해 도태시키는 것 같다. 이들은 먹이를 먹을 때도 치이고 무리로부터 공격도 자주 받는다. 안 그래도 약한데 먹이까지 제대로 먹지 못하니 점점 더 건강 상태가 나빠져 악순환이 생긴다. 그래서 결국은 격리해서 치료하고 건강하게 만든다. 문제는 이렇게 한 마리를 격리하면 기존 미어캣 무리에서 또 다른 겉도는 개체가 생긴다는 점이다. 그러면 치이는 개체들이나 다쳤던 기존 여왕 혹은 이인자로 새로운 무리를 만들어 주면 되지 않을까 생각할 수 있을 것이다. 그런데 이렇게 비슷한 처지의 동물들을 모아 놓는다고 평화가 생기는 건 아니다. 여기에서도 어떻게든 싸움이 일어난다. 그렇다고 사회적 동물인 미어캣을 계속 혼자 두면 스트레스를 받아 이상행동을 하는 등 건강에 문제가 생기기 때문에 항상 주의깊게 살펴봐야 한다.

발정기인 가을이 되면 미어캣은 더욱 많이 싸운다. 사이좋게 지내면 좋을 텐데 자주 싸우고, 싸우고 나서 화해도 쉽지 않다. 그래서 가을이 오면 사육사와 수의사의 고민은 깊어만 간다.

우두머리 암컷만 출산이 가능한 동물은 미어캣 외에도 여러 종이 있다. 체중이 400g 남짓의 작은 원숭이인 목화머리타마린(이하 타마린)은 3~9마리가 무리를 이루어 사는데 우두머리 암컷만 새끼를

● 주로 나무 위에서 생활하는 목화머리타마린.

낳는다. 여러 수컷 타마린과 교미하기 때문에 새끼의 아빠가 누구인지는 아무도 모른다. 그저 수컷들은 우두머리의 자식을 모두 자기 자식으로 여긴다. 그리고 적극적으로 함께 새끼를 키우는 공동 육아를 한다.

여왕 타마린은 출산이 가능한 다른 암컷을 매우 경계해 번식이 가능한 나이가 되면 무리에서 쫓아낸다. 미어캣과 다르게 아래 계급의 암컷을 유모로 쓰지 않기 때문에 여왕이 성체 암컷과 함께 무리를 이루는 경우는 드물다.

우리 사회에도 여성 지도자들이 점점 늘어나고 있다. 흔히 남성

지도자는 강력한 카리스마, 여성 지도자는 부드러운 통솔력이 장점이라고 말한다. 그러나 자연의 세계를 보면 성별과 관계없이 우두머리가 되기 위해서는 강력한 힘과 정신력, 그리고 지혜가 필요하다. 어떤 개체가 우두머리가 되느냐에 따라 그 무리의 생존 여부나 삶의 질이 달라지기도 한다. 그래서 우두머리의 길은 험난하고 또 그만큼 가치 있는 일일 것이다.

가장 싸움을 잘하는 여왕을 따른다

맹수의 왕끼리 싸우면 누가 이길까?

사자 vs 호랑이

동물원의 인기 스타인 사자와 호랑이는 모두 고양잇과 동물이다. 둘 다 육식을 하는 맹수고 100kg가 넘는 거구를 자랑한다. 식성과 크기, 야생의 대표라는 이미지가 비슷하다 보니 "사자와 호랑이가 싸우면 누가 이기나요?"라는 질문을 하기도 한다. 아마도 야생에서 부딪치는 일이 잦을 것으로 생각하는 것일 테다. 그러나 사자와 호랑이는 서식지와 행동 양식이 매우 다르다.

사자는 주로 아프리카 대륙의 사바나와 같은 평원에서 서식한다. 보통 20~30마리가 한 무리를 이룬다. 우두머리 성체 수컷 1마리와 성체 암컷 15마리, 미성숙한 수컷 1마리, 새끼 1~5마리 정도로 구성된다. 이런 사자의 무리를 프라이드(Pride)라고 부른다. 사자는 대부분 암컷이 사냥한다. 수컷 사자는 하루에 20시간을 자거나 쉰다. 겉으로 보기에는 아무 일도 안 하는 듯하지만 프라이드의 영역을 지키는 역할을 한다. 영역 경계의 덤불이나 나무에 분비물을 묻혀 냄새로 영역을 표시하고, 침입자가 들어오면 경고의 의미로 포효한다. 침입자가 나가지 않으면 물어 죽이거나 쫓아낸다.

사자의 프라이드 내에서 자라던 새끼 수컷 사자가 다 크면 둘 중 하나의 선택을 한다. 무리를 떠나 독립하거나 무리 내의 우두머리와 겨뤄서 새로운 우두머리가 되는 것이다. 암컷이 사냥한 먹이를 먹고, 대부분의 시간을 쉬며 호사스러운 생활을 하던 우두머리는 새로운 성체 사자가 도전하면 힘겨루기를 해야 한다. 만약 싸워서 지면 무리에서 떨어져 홀로 외롭게 살아야 한다. 수컷 사자는 암컷보다 힘은 월등하게 강하지만 몸이 크고 느려서 혼자 사냥하면 성공률이 높지 않다. 결국 홀로 남겨진 수컷 사자는 빠른 죽음을 맞이할 확률이 높다.

사자는 대부분의 고양잇과 동물처럼 야행성이기 때문에 밤에 사냥한다. 어두운 밤에는 초식동물의 시력이 약해져서 기습하기 유리하기 때문이다. 주로 영양, 얼룩말처럼 덩치가 큰 초식동물을 잡아먹는다. 최고 시속 80km의 빠른 속도로 달려 기습적으로 공격한다. 이때 초식동물들은 넓은 평지에서 무리로 생활하기 때문에 사자끼리 전략을 세워 서로 협력하는 것이 중요하다. 그래도 매일 사냥에 성공하지는 못한다. 야생의 사자는 보통 3~4일에 한 번 정도 사냥에 성공한다. 암컷 사자들이 먹이를 가져오면 제일 먼저 수컷 우두머리가 먹는다. 그리고 남은 먹이를 다른 사자들이 나눠 먹는다. 사자는 사냥에 성공한 하루는 배부르게 먹고 나머지 3일 정도는 아무것도 먹지 못하고 공복 상태가 된다.

사자와 다르게 호랑이는 독립적인 생활을 하는 동물이다. 성체가 되면 부모에게서 떨어져 나와 산속에서 사냥하며 홀로 살아간다. 사자와 달리 넓은 초원이 아닌 깊은 숲속에서 주로 서식한다. 따라서 나무 뒤에서 잠복하고 있다가 기습적이고 은밀하게 사냥하는 경우가 많다. 깊은 숲속에서 여러 마리가 함께 사냥하면 먹잇감이 눈치를 챌 가능성이 높아지기 때문에 혼자 사냥하는 전략을 택하게 됐다.

호랑이는 자신만의 영역을 매우 중요하게 여긴다. 수컷뿐만 아니라 암컷도 고유의 영역이 있다. 이 영역은 먹이의 양에 따라 다른데, 먹이가 풍부한 지역에서는 굳이 넓은 영역이 필요하지 않다. 반면 먹을 것이 부족한 지방에서는 무려 3,000km² 이상의 넓은 영역을 가진다. 호랑이는 소변과 항문샘에서 나오는 분비물을 이용해 영역 표시를 한다. 암컷보다 수컷의 영역이 더욱 넓은데 영역 사이에 있는 호랑이들은 서로 포효해서 의사소통한다.

홀로 사는 호랑이가 서로 만나는 때는 주로 번식기다. 겨울에서 초봄까지는 호랑이들이 짝짓기를 하는 때로 수컷들은 암컷을 두고 치열하게 싸운다. 암컷 호랑이는 짝짓기를 한 뒤 약 4개월 후에 새

138

● 독립적인 생활을 하는 호랑이.

● 무리를 이루어 사는 사자.

● 하품하는 라이거.

끼를 낳는다. 새끼는 주로 암컷이 돌보는데 생후 7개월부터 스스로 먹이를 잡을 수 있도록 사냥 훈련을 시킨다. 보통 2살이 지나면 독립한다. 어미는 육아에서 해방되고 자신의 영역 안으로 들어오는 새끼들을 내쫓기도 한다.

　혼자 살아가는 동물답게 호랑이는 근력과 지구력이 좋다. 호랑이의 앞발은 어마어마한 위력을 가지는데 최대 227kg의 공격을 가할 수 있다. 게다가 아주 민첩하다. 만약 산속에서 호랑이를 만나면 어떻게 도망가야 할까? 나무로 올라가면 될까? 호랑이는 나무도 잘 탄다. 그러면 물속으로 들어가면 될까? 사자와 같은 대부분의 고양잇과 동물은 물을 싫어하는데 호랑이는 물을 좋아하고 헤엄도 잘

　　　　지구온난화는 동물들에게 어떤 영향을 줄까?

친다. 결론은 직접 마주친 상태에서 호랑이가 쫓아온다면 살아남기는 힘들다. 이 압도적인 힘과 신체 능력 때문에 우리나라를 포함한 아시아 지역에서는 호랑이를 신성한 동물로 여겨 왔다.

앞서 나온 질문으로 돌아가, 호랑이가 사자와 싸우면 누가 이길까? 둘은 자연에서는 사냥 방식과 서식지가 달라 만나서 싸울 일은 거의 없다. 그러나 만약 동물원에서 일대일로 붙는다면? 독립적으로 사냥하는 호랑이가 이길 확률이 높다고 본다. 사자의 앞발 힘은 호랑이의 70% 정도다. 주로 앞발로 펀치를 날려 싸우는 고양잇과의 특성상 사자가 체력적으로 불리하다. 실제로 런던의 한 동물원에서 수컷 뱅갈호랑이와 수컷 사자가 사육사의 실수로 같은 방사장에 풀려서 싸운 적이 있다. 그때, 호랑이는 약간 상처를 입었지만 사자는 중상을 입었다. 반대로 집단으로 싸우면 함께 협력해서 사냥하는 사자가 이길 것이다. 함께 싸우는 법을 모르는 호랑이들은 여럿이 덤비는 사자를 홀로 상대하게 된다. 서로 무리를 이뤄 전략적으로 사냥하는 사자를 이기기 힘들다.

자연에서는 만날 일이 없는 사자와 호랑이지만 동물원에서 인위적으로 교배시켜 새끼가 태어나기도 한다. 수컷 사자와 암컷 호랑이의 새끼를 라이거(Liger)라고 한다. 라이거는 사자의 털색에 호랑이의 무늬를 가지고 있으며, 자연 고유종이 아니라 대부분 생식능력이 없다. 암컷 사자와 수컷 호랑이의 새끼는 타이곤(Tigon)이라고 한다. 신기하게도 라이거는 최대 419kg이 나갈 정도로 덩치가 크지만, 타이곤은 200kg도 되지 않는 작은 덩치를 가지고 있다. 라이거나 타이곤은 자연적으로 태어날 수 없는 동물이라서 그런지 호랑이나 사자 무리와 잘 어울리지 못한다.

아시아 지역에 서식하고 한때 한반도에도 살았던 '시베리아호랑이'의 경우 야생에 단 300마리 정도밖에 남아 있지 않아 멸종 위기 1급 동물이 되었다. 사자도 현재 멸종 위기 동물 2급에 해당한다. 어쩌면 멋진 사자와 호랑이를 동물원에서만 볼 수 있게 되는 날이 올지도 모른다. 그런 날이 오지 않게 사자와 호랑이의 서식지 보전을 위해 더욱 노력해야 할 것이다.

지구온난화는 동물들에게 어떤 영향을 줄까?

동물 사회에도 따돌림은 존재한다

개코원숭이와 바바리양

두 사람 이상이 집단을 이뤄 특정인을 소외시켜 괴롭히는 행동, 따돌림. 흔히 왕따라고도 하는 이것은 반드시 사라져야 할 비인격적인 행위다. 학교는 물론이고 직장에서도 큰 문제가 된다. 그런데 동물의 세계에도 왕따가 있다. 특히 원숭이들이 약한 한 마리를 주로 괴롭힌다. 원숭이는 사람과 같은 사회적인 동물이라 무리 생활을 한다. 무리에는 우두머리가 있는데 행여 대항하기라도 하면 소위 '찍히게' 된다. 그러면 모든 구성원이 그 원숭이를 집중적으로 괴롭힌다. 아니면 그저 힘없이 약하게 태어난 이유만으로도 괴롭힘을 당한다.

동물원에서는 따돌림당하는 원숭이를 계속 두면 결국 죽기 때문

● 개코원숭이 무리.

에 일단 분리해서 치료한다. 내가 일했던 동물원에서는 특히 올리브개코원숭이(이하 개코원숭이)들의 집단 괴롭힘이 심했다. 아프리카 지역에서 서식하며 몸무게 40kg 정도 되는 큰 덩치의 개코원숭이는 야생에서 15~150마리가량이 무리를 지어 생활한다. 무리의 구성원들은 각자 지위가 정해져 있고, 지위가 낮을수록 먹이 경쟁에서 밀린다. 동물원에서도 먹이 경쟁에서 밀려 심각한 영양실조와 기력 저하로 진료를 받는 개코원숭이들이 몇 있었다.

영양실조가 심하면 혈당이 매우 낮은 상태인 저혈당증 증세로 쇼크가 온다. 특히 추운 겨울날에 저혈당증과 저체온증이 함께 오면

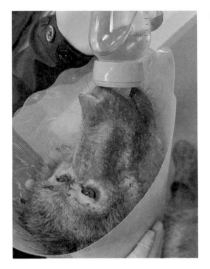

● 동물원에서 다른 개체들에게 괴롭힘을
당해 영양실조에 걸린 개코원숭이.
간호사에게 물을 받아 마시고 있다.
약해진 상태지만 혹시라도 사람을 물 수
있어 넥칼라를 씌워 놓았다.

죽을 수도 있는 응급 상황이 된다. 그러면 당장 동물병원에 입원시
켜 집중 치료를 한다. 우선 혈당을 높이기 위해 혈관으로 포도당을
넣고 영양제를 주사하고 따뜻한 환경을 만들어 준다. 응급 처치가
끝나고 개코원숭이가 정신을 차리면 먹이를 풍부하게 주어 최대한
잘 먹인다. 개코원숭이들은 볼주머니가 발달해서 먹이를 먹을 때
일단 볼에 최대한 담고 난 후 먹는다. 따돌림으로 입원한 원숭이에
게 먹이를 주면 매우 잘 먹는다. 배가 고팠던 것인지 아니면 그동안
못 먹어서 서러웠던 것인지 볼이 터질 정도로 먹이를 입에 넣고 우
걱우걱 소리를 내며 맛있게 먹는다.

　그렇게 며칠 동안 잘 먹고 나면 대부분의 개코원숭이는 회복한

● 바바리양 무리.

다. 그러나 영양실조에 심하게 걸리고 기생충 감염까지 된 일부는 결국 죽기도 한다. 동물원에서 매달 구충제를 제공하지만 약한 개코원숭이에게는 닿지 않는다. 개코원숭이를 한 마리씩 붙잡고 약을 먹이기는 힘들기 때문에 먹이에 섞어서 준다. 그러면 우두머리가 남긴 먹이를 먹는 약한 개체들은 구충제를 적게 먹을 수밖에 없기 때문이다.

따라서 동물병원에서는 충분한 영양 공급과 함께 구충제 투여부터 한다. 집중 치료를 마치고 건강을 회복한 개코원숭이는 다시 무리로 돌려보낸다. 너무 오래 떨어져 있으면 무리가 아예 적으로 인

● 무리에서 도태되어 치료 중인 바바리양.

식해서 동료로 받아들이지 않기 때문이다. 무리에 속하지 못하면 사회적 동물인 개코원숭이는 평생 혼자서 외롭게 지내게 된다.

초식동물이나 새 무리에도 집단 따돌림이 있다. 멋지게 뒤로 휘어진 뿔과 가슴 털 갈기를 가진 바바리양이 그렇다. 무리 지어 생활하는 동물로 약하거나 세력 경쟁에서 밀린 개체는 밀어 낸다. 특히 발정기가 오면 수컷들은 암컷을 차지하기 위해 경쟁한다. 바바리양도 무리 내의 우두머리 수컷은 이인자나 삼인자들의 도전을 받아들이며 머리의 뿔을 부딪쳐 격렬하게 싸운다. 특히 바바리양은 암벽을 잘 타는 것으로 유명한데 수컷끼리 싸우다가 암벽에서 밀어 떨어뜨리기도 한다. 그렇게 싸우다 진 바바리양은 무리로부터 따돌림을 당한다.

동물의 세계에서 집단 따돌림이 존재하는 이유는 다양하다. 첫 번째는 한정된 자원과 공간 때문이다. 먹이는 무제한으로 있는 것이 아니기 때문에 모두가 만족할 만큼 배불리 먹을 수 없다. 결국은 힘이 센 동물이 대부분을 차지하고 남은 것들을 다른 개체들이 나눠 갖는다. 그런데 무리 안의 개체 수가 너무 많아서 나눠 가질 수 없다면 어쩔 수 없이 도태되는 쪽이 생길 수밖에 없다. 주로 영역으로 나눠지는 공간 역시 마찬가지로 한정되어 있기 때문에 먹이 경쟁과 같은 상황이 생긴다. 두 번째는 서열 확립을 위해서다. 우두머리는 자신의 힘을 과시하기 위해 대항하는 동물이나 약한 동물을 괴롭힌다. 무리의 구성원들은 그런 우두머리의 눈 밖에 나지 않으려고 우두머리를 따라 같이 괴롭힌다. 세 번째는 전염병 예방을 위해서이다. 약한 개체는 기생충이나 세균, 바이러스성 질병 등 전염병에 걸렸을 가능성이 높다. 동물은 본능적으로 옮을 위험이 있음을 알고 이를 피하며 도태시키도록 진화되었다는 것이다.

집단 따돌림은 결국 무리의 힘을 약하게 하는 부작용이 있다. 무리 안에서 싸움만 하는 것은 사람이나 동물에게도 좋을 것이 하나 없다. 동물원에서는 따돌림이 동물들의 폐사율을 높이는 큰 문제가 되기도 한다. 따라서 동물들 사이의 왕따를 방지하려고 노력한다. 첫 번째로 행동 풍부화를 해 준다. 동물들이 집단 괴롭힘을 하는 이유 중에는 높은 스트레스도 있다. 동물원은 야생보다 좁은 환경에 주위에 관람객까지 있어 스트레스를 받기 쉽다. 예민해지다 보면 투쟁과 집단 괴롭힘도 더 많아진다. 따라서 동물원에서는 동물들의 오감을 자극해 지루함을 달래고 스트레스를 줄이기 위해 노력한다. 우두머리도 행동 풍부화를 통해 먹이를 찾거나 장난감을 가지고 놀아 주의가 분산되면 자연스럽게 다른 개체를 괴롭히는 시간도 준다. 두 번째로 충분한 먹이를 여러 군데 나눠 공급한다. 먹이를 아무리 많이 줘도 한 곳에만 주면 우두머리가 다 차지해 버린다. 따라서 약한 개체도 먹이에 쉽게 접근하도록 먹이통과 물통을 여러 곳으로 분산시켜서 모두가 먹을 수 있게 한다.

어쩌면 사람들의 집단 따돌림도 동물적인 본능에서 비롯되었을 가능성이 높다. 그러나 인간은 동물과 달리 도덕성을 가졌다. 본능을 따르고 강한 동물만 살아남는 야생의 세계가 아닌 약자를 배려하고 지켜주는 사회를 만들 수 있다. 때문에 왕따는 당연한 현상이 아니라 해결해 가야 하는 문제다. 동물이나 사람이나 서로 배려하고 양보하는 마음으로 극복해 보면 어떨까?

가까이 하기에는 너무 따가운 당신

가시 달린 동물들

포큐파인은 우리말로 '산미치광이' 또는 '호저'라고 불린다. 산미치광이라는 특이한 이름을 갖게 된 이유는 화가 나면 가시를 부풀리며 미친 듯이 공격하러 달려오기 때문이다. 호저는 고슴도치보다 훨씬 크고 긴 가시가 있는 것이 특징이며, 주로 동남아시아와 아프리카에서 서식한다. 크기는 13~27kg이며 초식성의 설치류에 속한다.

호저의 가장 큰 무기는 역시 거대한 가시다. 자연에서는 아무것도 모르고 호저를 사냥하려고 덤빈 개나 육식동물들이 얼굴 가득 가시가 박혀 괴로워하는 모습을 종종 볼 수 있다. 이 가시에는 미세한 돌기가 있어서 한 번 박히면 뽑기가 매우 힘들다. 뽑으려고 하면

지구온난화는 동물들에게 어떤 영향을 줄까?

더욱 파고드는 가시의 성질 때문에 뽑을 때 꽤 아프다. 심지어 가시 때문에 거대한 맹수인 사자도 죽는 경우가 있다. 가시가 빠지지 않으면 그 부위가 세균에 감염되고 계속 염증이 생긴다. 그러다 패혈증이 와서 죽는 것이다. 대부분 어리고 경험 없는 수컷 사자들이 호저의 가시에 당한다. 혈기 왕성한 상태로 작고 약해 보이는 호저를 공격했다가 입가에 잔뜩 가시가 찔리고 만다.

간혹 호저의 가시를 너무 과장해서 무섭게 표현하는 경우도 있다. 호저와 마주하면 무조건 달려와서 가시를 박는 건 아니다. 내가 동물원에서 진료를 위해 방사장에 들어가면, 호저는 달려들기보다 구석으로 몸을 피했다. 또 호저가 가시를 적에게 날릴 수 있다는 오해도 있다. 그러나 그런 행동은 불가능하며 그저 가시가 매우 잘 빠져서 살짝만 스쳐도 피부에 박히는 것이다. 나도 호저를 마취하다 가시에 손가락을 찔린 적이 있는데 굉장히 아팠다.

호저는 뾰족뾰족한 가시 때문에 잡는 것이 거의 불가능해서 마취 주사기를 불어서 쏴야 한다. 그러나 호저는 몸을 돌려 가시를 옆으로 눕히며 주사기를 '팅' 하고 이리 튕기고 저리 튕겨 낸다. 마취하기가 여간 어려운 게 아니다. 그래서 마취하기 위해 위쪽에서 가시 사이로 주사기를 불어 피부에 맞추는 신공이 필요하다. 마취 후 잠든 호저를 진료하면서도 자꾸만 가시에 찔려 "아얏" 소리를 내던 나와 동료 수의사들의 모습이 기억난다.

● 거대한 가시를 가진 호저.

　가시를 가지고 있는 동물은 더 있다. 대표적으로는 최근 반려동물로도 많이 키우는 고슴도치다. 호저에 비해 작은 가시는 귀엽게 느껴진다. 그래도 찔리면 제법 아프다. 고슴도치는 위협을 느끼면 공처럼 몸을 굴려 밤송이 같은 자세를 취한다. 그래서 고슴도치 역시 진료하기 힘든 동물이다. 마취를 하지 않으면 밤송이 모양을 풀지 않아 혈액 채취도 힘들고 엑스레이를 찍기도 힘들다. 따라서 고슴도치도 진료를 위해서 마취가 필수다. 마취를 해도 워낙 다리가 가늘고 혈관이 좁아서 채혈하기도 힘들다. 그래서 고슴도치를 치료하는 동물병원은 찾기 어렵다.

● 밤송이 자세를 한 고슴도치.

가시두더지도 이름처럼 가시를 가지고 있다. 뾰쪽하고 빼곡한 가시와 뾰쪽하게 나와 있는 코가 마치 고슴도치의 친척처럼 보인다. 그러나 가시두더지와 고슴도치는 아예 다른 동물이다. 가시두더지는 알을 낳는 포유류인 '단공목'에 속한다. 흔히 조류나 파충류만 알을 낳는다고 알고 있지만 오리너구리같이 단공목에 속하는 포유류들은 알을 낳는다. 그러나 조류와 파충류와 다르게 단공목 포유류 새끼는 알에서 나와 젖을 먹는다. 이렇게 특이한 가시두더지에게 가시는 몸을 지키는 좋은 수단이다.

다시 호저 이야기로 돌아가자면 매우 길고 위협적인 가시 덕분에 자신을 방어하기 좋지만, 누구에게도 가까이 다가갈 수 없다는 단점이 있다. 안타깝게도 새끼 호저가 종종 어미의 가시에 눈이 찔려 실명한다. 적당한 거리 두기가 필요한 셈이다.

호저가 무적인 것은 아니다. 등 쪽에만 가시가 있고 머리 쪽에는 없다 보니 족제비의 친척뻘에 속하는 '피셔'라는 동물은 이 점을 노려 호저를 주식으로 삼는다. 피셔는 호저가 나무에 올라간 틈을 노려 나무에서 밀어 떨어뜨린다. 추락한 호저가 정신을 못 차리고 있으면 약점인 머리를 공격해서 쓰러뜨린다. 그리고 가시가 난 등을 피해 배 쪽을 물어 잡아먹는다.

초식동물인 호저는 아프리카에서 농작물을 헤집어 놓거나 훔쳐 먹어서 농부들에게 골칫덩어리다. 그래서 그물이나 덫을 놓아 잡는다. 중국에서는 호저 고기가 대장 질병에 효과가 있다고 알려져 있다. 길고 뾰족한 가시도 사람 앞에서는 무용지물이다. 갑옷 같은 등갑을 두른 천산갑도 예외가 아니다. 역시 남획되고 있다. 비늘은 약재로 쓰이고 고기는 고급 식재료로 사용해서 멸종 위기 종이 되었다. 이러한 인간의 야생동물 포획으로 코로나바이러스감염증-19 같은 무서운 전염병이 전파되었다는 연구 결과도 있다.

앞서 동물과 사람이 모두 걸리는 질병을 인수공통전염병이라고 한 바 있다. 코로나바이러스감염증-19는 박쥐가 숙주인 바이러스로 이후 천산갑을 거쳐 사람에게 전파되었을 가능성이 높다.

알을 낳는 포유류인 가시두더지.

단단한 비늘을 가진 천산갑.

가시가 길어 서로를 찔러 적당한 거리 두기가 필요한 호저처럼 사람과 야생동물 사이에도 적당한 거리가 필요하다. 적절한 거리를 유지하지 않으면 또 어떤 병이 다시 퍼질지 모른다.

지구온난화는 동물들에게 어떤 영향을 줄까?

늙지 않고 오래 사는 불로장생의 비밀

벌거숭이두더지쥐

뻐드렁니에 온몸에 털이 없는 벌거숭이두더지쥐(벌거숭이뻐드렁니쥐)는 독특한 외모를 가진 것으로 손꼽힌다. 포유류지만 곤충인 개미, 꿀벌과 비슷하게 철저히 여왕을 중심으로 한 사회구조를 가진다. 무리의 공간은 20~300마리가 함께 살아가는 휴식방, 식량 창고, 여왕의 방, 화장실 등으로 나뉜다. 어두운 지하 터널에서 주로 살기 때문에 눈이 퇴화해 시력이 약하다.

벌거숭이두더지쥐 무리는 번식을 담당하는 여왕, 여왕의 배우자 역할을 하는 2~3마리의 수컷 그리고 일꾼으로 역할이 나뉜다. 여왕이 아닌 암컷은 여왕에 대한 복종의 의미로 스스로 호르몬을 조절해 번식 능력을 억제한다. 여왕은 다른 암컷의 호르몬을 감지하는 능력이 있다. 번식이 가능한 상태의 암컷이 감지되면 여왕은 그 암컷에게 자신의 대변을 섭취하게 한다. 이렇게 하면 출산을 마친 여왕의 변 속에 든 에스트로겐에 노출돼 여왕의 새끼를 자신이 낳은 새끼처럼 여기고 돌보게 된다.

신기하게도 여왕 벌거숭이두더지쥐가 죽으면 암컷 일꾼 쥐의 생식능력이 다시 발현된다. 암컷들은 여왕이 되기 위해 싸우고, 이긴 암컷은 새 여왕이 된다. 여왕은 독특한 짝짓기를 한다. 대부분의 포유류는 자신과 유전적으로 가까운 자식이나 남매 간에는 짝짓기를 하지 않는다. 그러나 벌거숭이두더지쥐 여왕은 자신이 낳은 수컷 중 가장 건강해 보이는 짝을 고른다. 이렇게 선택받은 수컷은 계속 교미를 하는데 다른 쥐들보다 단명한다. 유전적으로 가까운 관계의 짝짓기 때문에 벌거숭이두더지쥐의 유전자는 다양성이 떨어진다.

벌거숭이두더지쥐의 의사소통 방법은 꽤 다양하다. 신기하게도 무리끼리 통하는 고유의 소리인 사투리가 있다. 벌거숭이두더지쥐에게 같은 무리의 소리를 들려주면 알아듣고 그쪽으로 이동하는데, 다른 무리의 소리에는 반응하지 않는다. 또한 새끼 벌거숭이두더지쥐를 다른 무리에 넣으면 그 집단의 언어를 익히고 학습한다. 벌거숭이두더지쥐 무리 고유의 언어는 여왕이 통제한다. 여왕이 변하면 그 집단의 사투리도 달라진다.

● 못생긴 동물이라 불리는 벌거숭이두더지쥐.

　신기한 신체를 가진 동물로도 유명하다. 벌거숭이두더지쥐는 포유류지만 변온동물이다. 대부분의 포유류는 사람이 36.5℃의 체온을 유지하는 것처럼 바깥 온도에 관계없이 체온을 항상 일정하게 유지하는 항온동물이다. 그런데 벌거숭이두더지쥐는 뱀과 같은 파충류처럼 주위 환경에 따라 체온이 변한다. 그 이유는 털도 없고 땀샘도 없기 때문이다. 체온을 조절할 만한 몸의 기능이 부족해서 뼈드렁니로 열심히 파서 만든 땅굴에 머문다. 땅굴은 항상 30~32℃, 90%의 습도를 유지한다. 따라서 32℃의 체온을 유지할 수 있다. 사람이나 38℃의 체온의 개와 비교하면 낮은 편이다.

　대부분의 동물은 피부에 산성 성분이 닿으면 고통을 느낀다. 그

● 젖을 먹이는 여왕 벌거숭이두더지쥐.

러나 벌거숭이두더지쥐는 산성 성분이나 매운 고추의 성분인 캡사이신과 닿아도 고통을 느끼지 않는다. 통증을 느끼게 하는 'P 물질'이 생산되지 않기 때문이다. 간단히 말하면 벌거숭이두더지쥐의 통증 신호 전달 단백질 유전자에 돌연변이가 생겼다는 뜻이다. 산성도가 높은 땅속에 살다 보니 환경에 적응해 통증이 둔화된 것이다.

지하는 산소가 희박하기 마련이다. 그런데 여기에 적응한 벌거숭이두더지쥐는 산소가 부족해도 살 수 있다. 사람은 산소가 부족하면 뇌와 심장에 심각한 손상을 입는다. 그러나 벌거숭이두더지쥐는 산소 없이 18분이나 버틸 수 있다. 또한 정상 산소 농도인 20%에 비해 매우 희박한 5%의 산소 농도에서도 5시간이나 생존할 수 있다. 저산소 상태에서 에너지원을 변화시킬 수 있기 때문이다. 대부

　　　　지구온난화는 동물들에게 어떤 영향을 줄까?

분의 동물은 포도당을 에너지원으로 삼아 분해하는데 여기에는 산소가 필요하다. 그런데 벌거숭이두더지쥐는 저산소 상태에서도 분해할 수 있는 과당을 에너지원으로 이용할 수 있다.

벌거숭이두더지쥐는 불로장생하는 동물로도 알려져 있다. 암과 노화에 내성이 있어서 사람의 암을 예방하기 위한 연구에도 도움이 된다. 벌거숭이두더지쥐의 수명은 30년 정도다. 3년 정도 사는 비슷한 크기의 생쥐보다 10배나 오래 사는 셈이다. 사람으로 치면 800세의 수명을 가진 것이다. 더욱 흥미로운 것은 벌거숭이두더지쥐의 사망률이다. 인간은 30세부터 노화가 시작돼 30세 이후에는 사망률이 2배씩 증가한다. 그런데 벌거숭이두더지쥐는 나이를 먹어도 사망률에 변화가 없다. 벌거숭이두더지쥐의 세포는 암이 발생하지 않기 때문이다. 사람이나 노령 동물의 주요 사망 원인은 암이다. 암이란 세포들이 비정상적으로 분열하는 상태다. 그런데 벌거숭이두더지쥐는 항암 물질을 생성해 암세포가 발생하는 것을 막을 수 있다. 또한 영양소가 부족한 상황이 되면 신진대사율을 낮춰 신체 대사의 25%만 사용하면서 생존하는 능력이 있다. 이렇게 암에도 걸리지 않고 극한 상황에서도 버티는 벌거숭이두더지쥐는 건강하게 늙기 때문에 야생에서는 대부분 병에 걸리는 게 아니라 다른 동물에게 잡아 먹혀서 죽는다.

여왕의 경우는 폐경기도 없다. 사람을 포함한 대부분의 동물은 노화가 시작되면 호르몬 분비가 줄어들면서 번식 능력이 떨어진다. 벌거숭이두더지쥐와 비슷한 크기의 생쥐는 생후 9개월부터 번식력이 떨어지는 반면 여왕 벌거숭이두더지쥐는 수명 30년 동안 내내 번식 능력을 유지한다. 한정된 수의 난자를 가지고 태어나는 다른 포유류 동물들과 다르게 여왕 벌거숭이두더지쥐는 평생 난자가 생산된다. 이러한 번식 능력은 과학계에서 정설로 통하던 포유류 암컷은 출생 전에 한정된 수의 난자를 부여받는다는 이론을 뒤엎기도 했다.

여왕, 일꾼 등으로 철저하게 분업화된 사회를 구성하고, 암에 걸리지 않으며, 극한 환경에서도 살아남는 벌거숭이두더지쥐의 능력은 독특하고 대단하다. 앞으로 유전자 해독, 노화 방지 물질 등 벌거숭이두더지쥐를 통해 알아가야 할 것들이 많다. 예로부터 사람들은 아프지 않고 건강하게 늙어가는 불로장생의 삶을 희망했다. 그 핵심 열쇠가 벌거숭이두더지쥐에게 있을지도 모른다.

지구온난화는 동물들에게 어떤 영향을 줄까?

금수저로 태어나 잘 먹고 잘 살기

하이에나

〈라이온 킹〉에는 악랄한 이미지의 하이에나 3마리가 등장한다. 정확히는 얼룩하이에나(점박이하이에나)로 부르며 아프리카 지역에 주로 서식한다. 애니메이션에서는 하이에나가 먹이를 빼앗아 먹는 모습이 나오지만 실제로는 주로 스스로 사냥하는 자립적인 동물이다. 하이에나는 깨무는 힘(치악력)이 사자보다 2배나 강하다. 이렇게 강한 치악력으로 동물의 뼈까지 씹어 먹는데 덧붙여 지구력도 좋다. 많은 육식동물이 빠른 속도로 오랫동안 달리지 못하지만 하이에나는 최고 60km의 속력으로 5km가 넘는 장거리를 달릴 수 있다. 사냥법도 영리하다. 무리 생활을 하는 하이에나는 사냥할 때 협력해서 커다란 얼룩말이나 물소 같은 초식동물을 잡는다. 주로 노

● 〈라이언 킹〉의 하이에나 삼인방.

리는 동물은 출산 직전인 만삭의 암컷들이다. 하이에나는 이런 상태의 동물들이 몸이 무거워 잘 도망가지 못하는 것을 알고 있다. 심지어 분만 직후의 암컷을 노려서 어미와 새끼가 기진맥진한 상태일 때 둘 다 사냥하기도 한다.

하이에나는 암컷이 집단의 우두머리 역할을 한다. 기본적으로 수컷보다 덩치가 더 큰 편이라 서열상 우위에 있다. 수컷은 번식 가능한 나이가 되면 기존 무리에서 새로운 무리로 독립한다. 3~80마리 정도의 무리를 이루고 사는 하이에나는 철저한 서열 위주의 사회다. 새끼의 서열은 어미의 서열에 따라 매겨진다. 가장 서열이 높은

지구온난화는 동물들에게 어떤 영향을 줄까?

우두머리가 먼저 먹이를 먹고 나머지는 서열순이기 때문에 간혹 가장 낮은 서열의 어미가 낳은 새끼는 굶어 죽기도 한다. 사람으로 치면 '금수저'로 태어난 새끼들은 잘 먹고 자라 신체적으로 우세할 가능성이 높다. 또한 높은 서열의 어미에게 훌륭한 사냥법과 싸우는 법 등을 배워 하이에나의 서열은 대를 이어 고착화된다.

암컷 하이에나는 생식기 구조가 매우 특이하다. 수컷의 음경과 같은 가성 음경이 존재하기 때문에 겉보기로는 암수를 구별하기 어렵다. 심지어 수컷의 생식기관인 음낭과 비슷하게 생긴 부분도 있다. 따라서 정확히 성별을 구별하려면 마취해서 음낭을 만져 봐야 알 수 있다. 수컷은 음낭 안에 고환이 만져지고 암컷의 경우 지방으로 차 있다. 동물원에서 수컷이라고 알고 있던 하이에나를 검사해 보면 종종 암컷인 경우가 있다. 암컷 하이에나는 가성 음경을 통해 새끼를 낳는다. 한마디로 산도(아이를 낳을 때 태아가 지나는 통로)가 매우 길다. 사람도 출산할 때 태아가 산도인 자궁목과 질을 통과하기 매우 힘든데, 하이에나 새끼는 무려 15cm가 넘는 긴 산도를 통과해야 한다. 그래서 하이에나들은 분만 과정에서 매우 고통스러워한다. 처음으로 새끼를 낳는 하이에나는 도중에 죽는 경우도 많다.

철저한 계급사회인 하이에나 무리에서 우두머리가 되는 건 매우 중요한 일이다. 투쟁 본능은 태어난 지 얼마 안 된 새끼에게서도 볼 수 있다. 하이에나는 같은 어미에게 태어난 새끼들 사이에서부터 싸움이 시작된다. 특히 같은 성별이면 더 격렬하게 싸운다. 평균적으로 한 번에 4마리의 새끼가 태어난다고 하면 1마리는 싸우다 죽는다. 어미는 싸움을 말리지 않고 살아남은 강한 자식들만 키운다. 이렇게 자란 새끼들은 성체가 되면 서로 우두머리를 차지하기 위한 살벌한 전쟁을 시작한다. 싸움에서 진 패자는 승자에게 등을 내 준다. 패배의 표시로 승자에게 등을 뜯기는 것이다.

동물원에서도 하이에나의 싸움은 자주 볼 수 있다. 하이에나는 새로운 개체와 합사하기가 어려운 동물 중 하나다. 새로운 하이에나가 오면 다시 서열을 정리하기 위해 피 터지는 싸움을 한다. 또한 우두머리 암컷이 약해지거나 죽었을 때도 서열 싸움이 시작된다.

한번은 동물원에 유독 등이 많이 뜯긴 하이에나가 있었다. 매번 우두머리한테 당하느라 등의 상처가 아물 틈이 없었다. 앞서 말했던 무리를 이루어 사는 다른 동물들과 마찬가지로 상처를 치료하기 위해 분리하면 다시 돌려보내기가 힘들다. 한참 떨어져 있다 합사하게 되면 아예 다른 무리의 하이에나로 보고 더욱 심하게 공격한다. 홀로 두자니 평생 외롭게 살아야 하는 불상사가 생긴다. 그래서 치료만 계속 해 주었다. 밥도 잘 먹고 움직임도 괜찮았는데 상처를 불쌍하게 여기며 동물원에 민원을 하는 사람들이 생겨 결국 염증 부위를 제거하고 피부를 봉합하기로 했다. 하지만 하이에나의 등가죽은 워낙 단단하고 두꺼워서 쉽지 않았다. 겨우 상처를 덮어 봉합했지만 얼마나 유지될지가 미지수였다. 우려했던 대로 봉합 부위는 일주일도 못 버티고 다시 터져 버렸다. 하이에나가 수술 부위가 가려웠는지 등을 바닥에 비비고 입으로 건드렸기 때문이다. 결국 수의사들은 등에 난 큰 상처를 봉합하는 것은 불가능하다는 결론을 내렸다. 이 하이에나는 오랜 기간 약을 먹고 나서야 상처가 아물었다.

하이에나는 냉혹한 야생의 세계에서 먹이를 두고 다른 육식동물과 경쟁하는 경우가 많다. 주된 상대는 사자다. 〈라이온 킹〉에서는 하이에나가 사자의 먹이를 빼앗아 먹는 것으로 나왔지만, 실제로 야생에서는 사자가 하이에나의 먹이를 뺏는 경우가 많다. 사자는 하이에나에 비해 압도적으로 큰 덩치를 가지고 있기 때문에 일대일로 싸우게 되면 하이에나는 상대가 안 된다. 그래서 먹이를 빼앗겨도 당하고 있을 수밖에 없다. 그러나 하이에나들이 무리로 있을 때는 다르다. 새끼 사자의 경우는 힘이 약하기 때문에 하이에나가 새끼 사자를 노려 사냥하는 경우도 있다. 이렇게 하이에나는 사자에게 위협이 되기 때문에 어른이 된 사자는 먹이로 먹을 것이 아닌데도 불구하고 하이에나를 표적으로 노려 죽이는 경우가 많다.

무한한 경쟁 시스템을 가지며 살아남기 위해 강하게 진화한 동물, 하이에나. 부모의 계급에 따라 금수저와 흙수저가 존재하는 모습이 인간 사회와 묘하게 겹치는 부분이 있다. 그러나 우리 사회는 냉혹한 야생 세계보다는 더 따뜻해지기를 바란다.

● 어미와 새끼 하이에나.

플라스틱은
지구를 어떻게 망칠까?

편리함과 바꾼 우리의 미래

    빨대, 비닐봉지 등 플라스틱 없는 생활은 상상하기 힘들다. 그러나 사람이 쉽게 쓰고 버리는 플라스틱은 동물들의 생명을 위협하는 무서운 무기이기도 하다. 특히 야생동물들의 피해가 심각하다. 비닐봉지는 약 20년, 플라스틱 용기는 500년 이상이 지나야 완전히 분해된다. 따라서 야생동물이 플라스틱을 삼키기라도 하면 평생에 걸쳐 고통받을 수밖에 없다. 어릴 때 플라스틱에 몸통이 끼어 등껍질이 홀쭉하게 변한 거북이나 소화기관 내 다량의 플라스틱이 쌓여 폐사한 물고기가 그런 사례다.

    특히 고래, 거북, 바다 근처에 사는 새와 같은 해양 동물들이 플라스틱의 위협에 자주 노출된다. 플라스틱 쓰레기는 비를 타고 흘러 육지에서 바다로 쉽게 유입된다. 바다가 아무리 넓고 깊다지만 사람들이 버린 쓰레기의 양이 어마어마해서 더 이상 자정작용(오염된 물이나 땅 따위가 저절로 깨끗해지는 작용)도 통하지 않는다. 플라스틱 쓰레기는 바다에서 서로 엉겨 '플라스틱 섬'을 이룬다. 북태평양·인도양 환류 등 5개의 환류를 따라 흘러 섬을 만든다. 그중에서 제일 거대한 플라스틱 쓰레기 섬은 태평양에 있는데 대한민국 면적의 16배나 된다.

심지어 아주 깊은 바다에서도 플라스틱 봉지가 발견된다. 영화 〈아바타〉의 감독으로 유명한 제임스 카메론은 심해 탐험가로도 유명하다. 그는 잠수정을 타고 지구에서 가장 깊은 심해인 마리아나 해구 10,000m 아래로 들어갔다. 사람의 손길이 닿지 않는 미지의 세계이자 청정지역일 것이라고 생각했지만, 가장 먼저 보인 것은 플라스틱 비닐로 만들어진 영화 〈겨울왕국〉 풍선이었다. 바다의 표면과 마찬가지로 심해 역시 이미 플라스틱으로 오염된 상태인 것이다.

그렇다면 사람들이 사용하는 플라스틱의 양은 얼마나 될까? 유럽 플라스틱 협회의 보고에 따르면 2015년까지 생산된 플라스틱은 약 83억 톤이며, 이 중 89%가 매립, 방치 또는 소각 처리되었고, 겨우 약 9%가 재활용되었다고 한다. 신종 코로나바이러스의 세계적인 유행으로 플라스틱 사용량은 더욱 증가했다. 병균을 차단하기 위해 마스크, 일회용 컵 등의 사용과 폐기가 늘어났다. 또한 배달 음식 주문이 활성화되면서 플

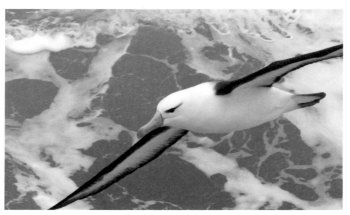

● 최대 70년까지 사는 바다 새 앨버트로스.

라스틱 용기 사용도 증가했다.

　미국의 사진작가 크리스 조던이 포착한 죽은 앨버트로스 사진은 유명하다. 배 안에 남아 있던 플라스틱 쓰레기들이 적나라하게 보인다. 태평양 연안에 서식하는 앨버트로스는 다른 새에 비해 큰 덩치를 가졌고, 최장 70년까지 장수한다. 최근에는 번식지까지 플라스틱 쓰레기가 넘쳐 그 속에서 새끼를 키우고 있는 모습이 관찰되기도 했다. 플라스틱 쓰레기는 다 큰 앨버트로스뿐만 아니라 새끼들의 사체에서도 발견됐다. 그리고 어미가 새끼에게 플라스틱을 먹이는 행동도 관찰되었다. 플라스틱은 영양분이 전혀 없어서 먹어도 허기가 지

● 배가 플라스틱 쓰레기로 가득 찬 앨버트로스 사체.

고, 장을 막아 다른 음식물의 섭취를 방해해서 결국 동물을 죽인다. 2년에 한 번 알 하나를 낳아 애지중지 키우는 앨버트로스의 개체 수는 급감해 현재 멸종 위기 종이다. 연 100만 마리 정도의 해양 조류가 플라스틱 쓰레기를 삼켜 죽는다.

바다거북 역시 플라스틱 쓰레기로 인해 신음하고 있다. 콧구멍에 플라스틱 빨대가 낀 채로 빠지지 않아 구조되는 경우가 많다. 가느다란 플라스틱 빨대는 거북의 호흡을 방해한다. 운 좋게 발견돼 제거받는 경우도 상당량의 출혈과 통증이 있어 쉽지 않다. 우리나라에서 발견되는 바다거북도 마찬가지다. 2021년 국립해양생물자원관의 자료에 따르면 검사한 58마리 바다거북 중 11마리(19%)는 이물질 섭취가 직접적 원

● 해초를 먹는 바다거북.

인이 돼 폐사했다. 바다거북의 주요 먹이는 해파리나 해초 등
이다. 해파리나 해초는 비닐봉지와 비슷하게 생겨서 바다거
북은 이를 잘 구분하지 못한다.

비단 해양 동물만이 아니다. 스리랑카의 쓰레기 매립장에
는 매일 수십 마리의 코끼리들이 출근해 쓰레기를 뒤적거린
다. 이들은 사람들이 버린 음식물을 찾다가 플라스틱도 함께
삼킨다. 2022년 학술지《네이처 컨서베이션》에 따르면 코끼
리 배설물의 3분의 1에서 쓰레기가 발견됐다며, 코끼리 배설
물을 통한 독성 물질의 생태계 확산을 우려했다. 매립장 주변
에서 죽은 코끼리들을 부검한 결과, 대부분 위장관이 비닐로

● 쓰레기를 먹고 있는 코끼리들.

꽉 막혀 있는 상태였다. 코끼리들은 고통스러워하다가 생을 마감한다. 스리랑카코끼리는 현재 2,100~3,000마리로 멸종 위기에 처해 있다. 그런데 스리랑카 정부는 점점 더 코끼리가 사는 숲 근처에 쓰레기 매립장을 늘리고 있다. 이런 추세라면 더욱 많은 스리랑카코끼리가 플라스틱 쓰레기 때문에 죽게 될 것이다.

플라스틱은 인간의 건강도 위협한다. 특히 눈에 잘 보이지 않는 미세 플라스틱은 더욱 위험하다. 미세 플라스틱은 플라스틱이 잘게 쪼개져서 5mm 이하가 된 것으로 바다나 강에 주로 떠다닌다. 이를 작은 생물이 먹고 또 그를 잡아먹는 동물이 먹다 보면 점점 쌓이게 된다. 이것을 '생물 농축'이라고 한다. 즉, 환경 속의 특정한 물질이 생물체 안에 축적돼 먹이 사슬을 거치면서 생체 내의 농도가 증가하는 현상을 말한다. 먹이 사슬의 맨 위에서 온갖 동물을 먹는 사람의 몸에도 쌓이기 마련이다. 이러한 미세 플라스틱은 동물은 물론 사람 몸에도 쌓여서 건강을 위협하게 된다. 2021년 발표한 '소아·성인의 미세 플라스틱 축적' 연구에 따르면 어린이가 하루에 약 500개의 입자를 섭취하는 것으로 확인됐고, 성인의 몸에는 일생 동안 최대 5만 개 이상의 입자가 축적된다고 한다.

미세 플라스틱이 몸에 쌓이면 세포를 노화시키고 DNA를 손상시키며 염증을 발생시킬 수 있다. 특히 세포의 DNA 손상이 지속되면 암세포로 변해 종양이 발생할 위험이 높아진다. 미세 플라스틱에 세균이 번식해서 전염병의 매개 역할을 할 수도 있다. 실제로 바다에서 채취한 미세 플라스틱을 분석한 결과, 식중독균의 일종인 비브리오 세균이 있는 것이 발견됐다. 세균 외에도 중금속 등 각종 유해 화학물질이 미세 플라스틱을 매개로 해 생물에게 전달될 위험성이 크다. 미세 플라스틱에 대한 연구는 아직 10~20년밖에 되지 않아서 장기적으로 동물이나 사람에게 어떤 영향을 미칠지 명확하게 모르는 것도 문제점이다.

플라스틱의 과도한 사용에 대해 전 세계적으로 경각심을 가지며 줄이기 위한 노력을 시작하고 있다. 175개 나라의 대표들이 모여 '국제 플라스틱 조약'을 논의했는데 우리나라도 포함된다. 정부에서는 플라스틱 사용을 줄이기 위해 비닐봉지 유료화, 매장 내 일회용 컵 사용 금지 등 다양한 정책을 펼치고 있다. 커피 매장인 스타벅스의 경우 플라스틱 빨대 대신 종이 빨대를 준다. 플라스틱 소비량이 많은 코카콜라는 페트병 재활용 방안을 대학과 협력해 연구 중이다. 이 외에도 미생물에 의해 분해되는 생분 플라스틱에 대한 연구도 활발히 이루어지고 있다.

플라스틱은 분명 저렴하게 구입해서 편리하게 쓸 수 있는 물질이다. 가볍고 튼튼하며 잘 썩지 않는다. 그래서 대체할 물질을 찾기 힘들다. 결국 플라스틱을 줄이려면 불편함을 감수해야 한다. 플라스틱 빨대를 대신하는 종이 빨대는 음료를 빨았을 때 촉감도 좋지 않고 오래 담그고 있으면 흐물흐물해져 불편하다. 일회용 컵 대신 가지고 다니는 텀블러 또한 세척하기 번거롭다. 그러나 이러한 것은 생존이 불투명한 상태로 고통받는 야생동물들을 생각하면 사소한 불편함 아닐까. 또한 우리 자신의 건강을 위해서도 플라스틱 사용을 줄여야만 한다. 다회용 제품 사용을 생활화하고 분리수거를 철저히 하는 등의 작은 실천으로 야생동물을 지키는 데 기여해 보자.

내 주변의 야생동물은
어떻게 보호할까?

더불어 살기 공부하기

멸종 위기 동물을 보호하고 싶을 때 직접 서식지로 가서 구조하는 등의 활동만 생각할 필요는 없다. 멀리 떠나지 않고 일상생활 속에서도 동물을 보호할 방법은 있다. 플라스틱 사용 줄이기, 에너지를 절약해 이산화탄소 배출 줄이기 같은 환경 보호가 곧 동물을 지키는 일이다.

그 외에도 만약 다친 야생동물을 발견했을 때 구조 센터에 신고하면 적절한 치료를 받게 도와줄 수 있다. 소방서인 119에 신고하는 경우가 많은데 이곳에서는 야생동물 구조 업무를 하지 않는다. 우리나라에서는 각 지역별로 야생동물 구조 센터가 따로 있다. 서울이면 서울 야생동물 구조 센터, 충청북도면 충북 야생동물 구조 센터 등이다. 신고 전화를 했다면 구조원이 올 때까지 가능한 야생동물 옆에서 기다려 주는 것이 좋다. 구조원이 도착했을 때 주위에 신고자가 없으면 야생동물을 찾기 어렵기 때문이다.

다친 야생동물을 발견했을 때 중요한 점은 직접 만지지 않는 것이다. 야생동물은 기본적으로 공격적이기 때문에 다친 상태라 기력이 없어도 사람이 만지려고 하면 물거나 공격할 위험이 크다. 따라서 지켜보는 정도가 좋다. 혹시 야생동물이 다친 상태로 도망가려고 하면 박스에 담아 놓거나 박스나 천으로 덮어 놓는 것이 좋다. 야생동물은 주위를 어둡게 하면 안정을 찾아 도망가려는 행동이 줄어든다.

새끼 야생동물을 어미가 먹이를 찾으러 갔을 때 미아로 오인해서 신고하는 경우도 있는데 조심해야 한다. 우리나라에서 흔히 발견되는 고라니의 경우 봄철에 새끼를 낳는다. 풀숲의 안전하다고 생각하는 곳에 새끼를 두고 어미는 먹이를 찾으러 간다. 그런데 등산객이나 행인이 새끼만 있다고 판단해서 구조 센터로 데리고 오는 경우가 많다. 혹시 미아로 보인다면 최소 30분 이상 주위를 둘러보고 어미가 정말 없는지 확인해야 한다. 새끼 주변에 사람이 있어서 곁으로 어미가 못 오는 경우도 있으므로 떨어진 상태로 기다리자. 그래도 어미가 나타나지 않는다면 그때 신고하면 된다.

구조 센터에 들어온 새끼는 사람이 먹이를 먹여 키운다. 정성껏 돌보지만 아무래도 어미의 사랑보다는 부족하다. 구조 센터에 들어온 새끼는 어릴수록 살아남을 확률이 낮다. 다행히 잘 자라서 자립할 정도가 되면 야생 적응 훈련을 한 후 야생으로 돌려보낸다. 하지만 이렇게 해도 어미에게 배운 것에는 미치지 못해 무난하게 야생에 적응하기까지는 어려움이 많다.

만약 야생동물을 구조하고 치료하는 것에 대해 관심이 많으면 방학 등을 이용해서 구조 센터에서 봉사 활동을 해 보는 것을 추천한다. 구조 센터는 항상 인력이 부족해 봉사자들의 손길이 필요하다. 단, 센터에 따라 미성년자의 경우는 안전 문제로 받지 않는 경우도 있다. 봉사 활동을 하면 구조된 야생동물의 먹이 준비, 새끼들 먹이 먹이기, 센터 청소 등의 일을 한다. 체력적으로 고되고 힘들 수도 있지만 다친 야생동물이 낫는 모습을 볼 수 있어 보람과 감동이 있다. 대부분의 구조 센터에서는 하루이틀의 단기 봉사자보다는 1주일 이상의 장기 봉사자를 선호한다. 단기로 하면 일에 익숙해지기 어렵기 때문이다.

야생 조류는 날다가 유리창을 인지하지 못하고 충돌해서 다치거나 죽는 경우가 많다. 워낙 빠른 속도로 날다가 부딪히기 때문에 충격이 매우 크다. 머리뼈 골절, 뇌진탕, 심장 쇼크 등으로 즉사하거나, 날개가 부러지거나 안구 손상이 와서 장애를 입는 경우도 많다. 이런 사고를 방지하는 방법은 간단하다. 유리창에 일정한 간격으로 점을 찍는 것이다. 전에는 유리창에 맹금류 모양의 스티커를 붙이기도 했다. 조류들이 이 스티커를 진짜 맹금류라고 느껴 피한다는 논리였다. 그러나 유리창 충돌에는 거의 효과가 없다는 연구 결과가 나왔다. 이보다 유리창에 일정한 간격으로 점을 찍으면 조류들이 유리창을 인식하기에 더 수월하다. 점이 찍힌 시트지를 유리창에 붙이거나 아크릴 물감으로 직접 점을 찍을 수도 있다. 이런 간단한 일로도 많은 야생의 새들을 살릴 수 있다.

도심에서 자주 보이는 비둘기도 야생동물이다. 종종 먹이를 주는 사람이 있는데 이는 야생동물의 생존에 좋지 않은 영향을 끼치니 하지 말아야 한다. 먹이를 직접 구하지 않다 보면 점점 스스로 생존할 능력을 잃는다. 또한 사람을 피하지 않고 따라다녀 차에 치여 다치거나 죽을 수도 있다. 특히 먹이를 주다가 비둘기의 분변이나 깃털 등과 접촉할 수 있는데 이때 사람에게 전염병을 옮길 우려도 있다.

비둘기가 사람에게 옮기는 질병 중 대표적인 것은 히스토플라즈마 감염병이다. 히스토플라즈마는 곰팡이의 일종인데 감염된 비둘기의 분변에 있다. 이에 접촉하거나 분말이 호흡기로 들어가 감염되면 뇌수막염에 걸릴 수도 있으므로 주의해야 한다. 물론 단순히 비둘기가 옆에 지나가는 것 정도로는

● 야생동물 구조 센터에서 근무할 때 수의사와 재활사들은 새끼 고라니와 오소리를 밖으로 데리고 나와 산책을 시키고는 했다.

감염되지 않는다. 그러나 비둘기 떼에게 먹이를 주는 등 많은 수의 비둘기와 접촉하게 되면 위험이 높아진다.

겨울철 산속에 사는 야생동물에게 먹이를 주는 활동도 있는데 이는 논란의 소지가 있다. 먹을 것이 부족한 겨울이니 생존을 위해 필요하다는 것과 동물의 자립도를 떨어뜨려 장기적으로는 악영향을 미친다는 의견으로 나뉜다. 개인적으로는 야생동물에게 먹이를 주지 않는 것이 더 낫다고 생각한다.

지금까지 야생동물과 더불어 사는 것과 관련해 그동안 내가 공부하거나 경험한 것들을 전했다. 이를 통해 많은 이들이 자신과 야생동물이 하나의 지구에 공존하고 함께 살아가야

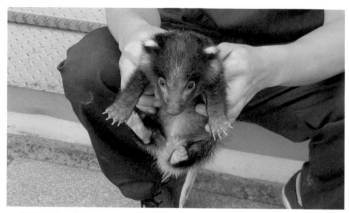

● 햇빛을 쬐는 새끼 오소리.

한다는 것을 느꼈으면 한다. 야생동물이 살기 힘든 환경에서는 결국 사람도 살지 못한다. 언제나 이 사실을 의식하며 멸종 위기 야생동물 보호에 관심을 가지고 작은 실천부터 시작해 보자.

아직도 악어와 악어새 이야기를 믿어?

수의사가 만난 진짜 야생동물의 사생활

발행일 초판 1쇄 2024년 5월 14일
　　　　 4쇄 2024년 5월 29일

지은이　　 이하늬
펴낸곳　　 스테이블
기획편집　 고은주 박인이
디자인　　 소산이

출판등록　 2021년 1월 6일 제320-2021-000003호
주소　　　 서울시 관악구 조원로 137 602호
전화　　　 02-855-1084
팩스　　　 0504-260-4253
E-mail　　 astromilk@hanmail.net

ISBN 979-11-93476-03-1 03400